雨彤 一 著

别让生活
耗尽你的美好

中国华侨出版社
北京

经过一整个冬天的酝酿，这本书终于在一个凌晨尘埃落定。红木桌子旁放着的咖啡杯中只剩残渣，我起身走到窗边，站在小区顶层俯瞰对面的街道。霓虹灯不肯罢休地照着半边不夜天，稀疏的车辆疾驰而过，拐角处二十四小时不打烊的便利店偶有行人进出。

这个夜晚，与已经逝去的无数个夜晚并无不同，但我固执地认为，今夜的星光更亮一些，今晚的时间更温柔一些。

时钟指向十二点，是结束，也是另一个全新的开始。就像文档里保存着的故事，在这一刻属于我，而在下一刻，便属于读到的你，你们。不知道当你们看到这些故事时，是在蔷薇盛开的春季，还是在蝉声响亮的盛夏。只知彼时，温度已经回升，冰雪已经消融，凛冽的寒风已经过境。

一切终究成为过去，惦念或是遗忘都不重要，重要的是，你是否始终在向内心深处挖掘，以寻觅清冽的泉水，追寻更好的自己，探求更美好的生活。

写来写去，笔触总也离不开爱情。

温暖的，激烈的，平淡的，隆重的。在不同的人身上，爱情以不同的方式诡谲地盛开。有人爱上它给予的温柔，心无旁骛地沉沦其中；

有人品尝过它赐予的疼痛，千方百计地想要逃匿。可无论怎样，我们仍将它奉为生命的精魂。

回过头去看走过的历程，那一场瘦骨嶙峋的青春，终因为爱与被爱，因为温暖与痛楚，因为得到与遗失，变得丰腴饱满，闪闪发亮。

是的，我们曾经深爱的人，最终都与我们走散，仿佛当初的相遇只是为了留下一块抹不去的伤疤。于是，我们在爱中而不得时，哭泣，怨恨，挽留，伤害他人，以及自我伤害。所用的方式，是那样笨拙，那样激烈，恨不得山崩地裂，恨不得海枯石烂。最终，在折磨与被折磨中，筋疲力尽，疲惫到不愿再爱。

而爱的意义，并非如此。

爱的意义，只是纯粹地，专心致志地去爱。除此之外，别无其他。

忽然想起 Alfred D' Souza 的诗：

To love, like never been hurt;

To dance, like no one appreciate;

To sing, like no one listen to;

To work, like no need of money;

To live, like today is the end.

去爱吧，像不曾受过伤一样；

跳舞吧，像没有人欣赏一样；

唱歌吧，像没有人聆听一样；

干活吧，像不需要金钱一样；

生活吧，像今天是末日一样。

所有的故事都意在说明，不管生活多糟糕，你都可以过得很精彩，穿越所有的风霜雪雨，你终将成为美丽的传奇。

目录 | CONTENTS

第五辑　别让回忆湮没你的未来

第一辑

爱让生活变得更美好

爱轰轰烈烈，也爱细水长流

有的演员，有本事将爱得固执的女人诠释得淋漓尽致。

周迅算是其中一位。她演的角色，多是那种带着股狠劲儿与自己较真的女子，不顾后果，不计代价，像是为了爱情要将自己的世界弄得天翻地覆，即便是撞了南墙，也只觉得痛，不懂得如何转弯。

不止一次坐在电影院里看她的电影，始终不明白为何她瘦小的身躯中蕴藏着那么大的能量。后来去翻看她的各种采访，才明白她是那种以爱为食的女人，眼神中带着强烈的渴望，甚至是焦灼。

在我看来，她总是凭着想象，在脑海中勾勒一个理想的男子，每当遇到符合她意愿的人时，她便躁动起来，毫不犹豫地投入这场烈火中。

多半人不愿提及往事，而她偏偏觉得每个与她相恋过的人都是唯一，从不吝啬将他们一一谈起。当初牵手时，也是慷慨地与恋人行走于公众的视野中，从不遮遮掩掩。

从初次恋爱到与高圣远结婚，二十多年的时间里，共有八任恋人，这意味着她有八次失恋，承受过八次疼痛。

记得鲁豫曾这样问她："不爱会怎样？"她的回答只有生硬的两个字：会死。

对她来说，爱就是阳光、水、空气，是生命之源，如果不爱，只会死去。

决绝到极致，不留一点退路。

看《李米的猜想》，并不惊异于周迅在里面的表现力。

那些穿插于其中的奔跑镜头，带着不顾一切的盲目与坚定。对于大多数人而言，这种拼了命的奔跑，好像只有年少轻狂时才有，只有想要挽回最珍爱的东西时才有。而李米已经不年轻，也知道失去的爱情不能挽留，但她还是固执地开着一辆出租车，在整座城市中等待着，寻找着已经消失了四年的男友。

在她男友没有出现之前，我想这个人应该只是她的臆想。他的脸，他的温暖，他的信笺，都只存在于她的想象中，就连那份支撑着她生命的爱情，都是一个镜花水月般的谎言。只因，想象中的一切，都比现实中好一些；日思夜想的那个人，也比现实稍稍温和一些。所以，她乐得欺骗自己，以求在现实中获得些许的安慰。

如若影片就这样结尾，也并没有可指摘的地方。毕竟，爱情多以自欺欺人的悲剧收场。然而，看到最后，从那盒他留下的录音带中我明白，他始终在她身边，看着她收衣服，洗头发，换车胎，抽烟。尽管，他从未露面，但也从未远离。

银幕之外的我哭得一塌糊涂，银幕之内的李米笑容格外灿烂。

这满身伤痕算得了什么，如若爱情真实存在着。愈合之后，相信她还会像从前那样投入爱情的怀抱中，直至瞥见爱情的曙光。

一个从不相信爱情的人，即便拥有了爱情，爱情也不会相信他。而相信爱情存在的人，总会找到属于自己的归宿。

那些曾经爱过的人，都成了美好的想象。

那些疼痛过的地方，已成为最丰盈的沃土。

正是因为遗憾，证明我们曾经用力地活过。

1963 年，初春已到，伦敦仍是出奇的冷。西尔维娅·普拉斯发疯地写着诗。

诗中是爱的癫狂，是梦的破碎，是永恒的绝望，是致命的窒息。

"我闭上眼睛，整个世界立刻死去。我睁开眼睛，一切再次重生。我想，你只是我脑海中的想象。"她的诗行中，蒙着一层若有似无的阴影。

她终究没有等到春天到来，决绝地拧开寓所的煤气，将头深深地伸进煤气炉燃着的烈火上。

把爱情当作一切的人，总是患得患失，就算是能够在世间存活一万年，他们的爱情也不会随着岁月一起成长。

普拉斯在聚会中遇见诗人泰德·休斯后，便爆发了不可遏制的激情，甚至在初次见面的接吻中，将他的脸颊咬破。

短短四个月后，两个人便结为夫妇。

多么可笑，打算相守一生的人，总是相互折磨着走向殊途。

这个有着诗性敏感气质的女人，在婚后变得愈发狂暴，乖戾，孤僻，多次撕毁丈夫还未发表的底稿。

不久之后，她从丈夫的身上闻到其他女子的香水味道。至此，存在于她想象中的完美爱情，犹如美丽的泡沫，被阳光击碎，消失得无影无踪。

她懂得如何在一首诗中描绘一个理想的世界，却不懂如何夺回心爱男人的心。于是，她只能像张爱玲那样，在自己的沙漠中，兀自萎谢。

不知为何，在读到与普拉斯有关的故事后，我忽然想到朴树的《且听风吟》：

时光真疯狂，我一路执迷与匆忙，依稀悲伤，来不及遗忘，只有待风将她埋葬。

爱得异常强烈的人，本想得到一个避风港，却要承受最大限度的疼痛。

如若继续行走世间，注定要在想象中勾勒爱情的模样。如若决绝地结束痛楚，连生命都要耗尽。

那为何不肯爱得温和一些，你应该知道的，爱情就安放在你的心间，你喜欢的人就在不远处，手中的时光也有一大把；你应该知道的，你不喜欢让人惊艳却只开一夜的昙花，而喜欢庭院中那丛四季不枯的冬青。

想象中的东西再美，终究只是海市蜃楼。妥帖而柔和地在现实中安放自己的心意，才是对爱情的认定。

懂得热烈追求，也要懂得长久比热烈更重要。

你懂得原谅，我知道回头

爱上吃蓝莓派，大概是从看王家卫的《蓝莓之夜》开始。

杰里米在纽约经营着一家规模不大的咖啡店，每至深夜他做的蓝莓派都剩很多，只得倒掉，但第二天照旧做得很多。

一位叫伊丽莎白的女孩儿，因恋情失意，开始每天在傍晚时分走进这家咖啡店，不要苹果派，不要香蕉派，而只要几乎没有人点的蓝莓派。

填饱肚子后，她便趴在高高的吧台上睡去，嘴角残留着蓝莓奶油。杰里米情不自禁地凑上去，镜头黑下来，再亮起来时，伊丽莎白性感的嘴唇，干净无物，恍惚露出满足的微笑。

可醒来之后，她还是决定离开。心中的伤疤未愈合，记忆始终纠缠着不放，她需要在路上寻找一把可以开启紧锁的心扉的钥匙。

杰里米没有理由挽留，他只是像往常那样做很多的蓝莓派。

王家卫的电影世界，永远都是蓝调的世界。旧爱、执着、眷恋、遗忘，这些异常强烈的情愫无论是负载于混乱的酒吧里，还是依附在一串串无人认领的钥匙上，都别有寓意。

一边吃着蓝莓派，一边重看这部《蓝莓之夜》，觉得这其实是另一部《花样年华》，只不过背景不再是香港，而变为纽约；人物不再是梁朝伟和张曼玉，而是裘德·洛和诺拉·琼斯。永恒不变的是爱与不爱的纠缠。

诺拉·琼斯饰演的伊丽莎白走了，离纽约越来越远，只靠一张明信片与杰里米保持联系，告诉他在路上看到的和听到的故事。

她不知道自己还会不会回去，什么时候回去，他只能尊重她拥有的自由权利，用美味可口的蓝莓派等一个无法预知的结果。

W.H.Auden 在《Funeral Blues》中写道："他曾经是我的东，我的西，我的南，我的北，我的工作天，我的休息日，我的正午，我的夜半，我的话语，我的歌声，我以为爱可以不朽，我错了。"

是的，比爱更坚不可摧的，是对方那颗渴望自由的心。

伊丽莎白搭着巴士来到孟菲斯。在那里，她故意让自己忙得透不过气来，白天在快餐店打工，晚上在酒吧做侍者，如此便可减轻痛苦情感的灼烧。

在形形色色的人群中，上演着形形色色的故事。酒吧里的音乐，让人一半清醒，一半迷醉。她注意到一个酗酒的巡警，每夜都需要酒精来麻痹自己，喝八杯犹嫌少。

他疯狂地爱着自己的妻子苏琳，爱得密不透风。不管对方如何折磨他，他对她的爱丝毫不减。

不是相互喜欢的爱情，一人越是痴迷，另一人就越容易背上一种让人窒息的负担。

苏琳面对这咄咄逼人的爱，只有拼尽全身力气逃跑的念头。于是，她刻意疏远他，用出轨的方式对这份禁锢提出抗议。

又一次在酒吧中喝得烂醉如泥时，他看到了她的新欢。那一刻，

他心中燃起熊熊妒火，将那个人打成重伤。这种最粗暴最原始的方式，正是他内心深处爆发出的最野蛮强劲的爱。

至此，他们的结果再清楚不过：灭亡、决裂。

Beyond 在《海阔天空》中忘情地唱着："原谅我这一生不羁放纵爱自由。"

不原谅，又能怎样。过分地束缚，也终是你向左，我向右，彼此再无干系。

苏琳再也无法忍受手脚与心上的枷锁，在酒吧中，在众目睽睽之下，与他展开激烈争吵。在她转身离开时，他举起腰间的枪喊道：

"如果你走出这扇门，我就杀了你。"

在想要自由的人看来，死与禁锢有何区别。于是，她毫不犹豫地离开。

死的并不是她，而是他。

他留下的是一堆尚未付清的酒吧账单。这账单，正是禁锢惹下的情债。

尼尔·波兹曼在《娱乐至死》中写道："毁掉我们的不是我们所憎恨的东西，而恰恰是我们所热爱的东西。"

因为太过热爱，我们倾自己所有去获得。拥有之后，我们又拼尽全力攥在手中。所以，我们一边相互爱着，一边肆意相互伤害着，直至一切化为虚无。

在苏琳和老巡警相遇的街角，伊丽莎白看到了她疼痛的眼泪。

"那一年，我 17 岁，喝醉了酒，他拦下了我的车。"

"他爱我爱得太深了，压得我喘不过气来。"

苏琳自顾自地说着。

在此之前，我以为苏琳并不爱他，原来她只是想在这份爱中呼吸自由的氧气。最终，他以死的方式放开了她，但他留下的账单却以更为残酷的方式捆绑了她。

她自由了，却痛苦得像是失去了整个世界。

离开这家酒吧，路过这个故事，伊丽莎白继续向前走着，不知何处是终点，也不知道具体的方向。偶尔，她也会想起蓝莓派的味道，虽然她还不打算回到纽约。

在我不知道结局的情况下，以王家卫的风格，我猜想蓝莓派的味道，应该只会存留于记忆中。既然选择了逃离，就应该在别处随遇而安；既然决定要在自由的奔跑中遗忘，就该在陌生的地方重新开始。就像《花样年华》的结尾那样，两个人只有一张船票，一人离开，一人留下，只是怀念，无从相见。

而这一次，我错了。从孟菲斯到拉斯维加斯，再到内华达，她邂逅了太多的人，看到了太多的故事，这一个比一个更遥远的距离，让她清楚地感受到了自己的内心。最终，她决定踏上传奇的 66 号公路，回到最初的地方，面对自己。

离开，是她的自由。回来，也是她的自由。

幸运的是，他始终等在原地。

他笑着将一份加了冰激凌的蓝莓派端到她面前，眼窝里全是温柔的笑意。

她吃完又趴在桌子上睡着了，嘴角留有蓝莓派奶油。他像第一次那样，俯下身来。镜头俯视，他亲吻着她，帮她拭去奶油残渍，也拭去她心中的伤。

她轻轻伸出胳膊，抚摸他的脖颈，闭着眼给予回应。

十秒钟的镜头，温柔了整部电影。

不错，比爱更坚不可摧的，是一颗渴求自由的心。

然而，比自由更坚不可摧的，是你懂得原谅，我懂得回头。

纵有七十二变，终逃不出你爱的指尖

早已忘记了是从哪里听来的关于建筑师斯坦福·怀特的故事，只记得听完后的那一段时间里，时常想起很久之前在南方出差时遇见的一个女孩儿。

波士顿公共图书馆、旧麦迪逊方形庭院、华盛顿方形曲拱，以及许多其他著名的纪念馆，都出自斯坦福·怀特之手。不可否认，他是建筑方面的卓越天才。然而，除却这个爱好，他亦喜爱青春期的少女。

因而，当他遇见十五岁的模特伊芙琳·内斯比特时，便决心要将她永远留下来。他在麦迪逊广场花园塔楼的寓所里，接见了伊芙琳，并亲自在为她倒的香槟里放进了迷药。

自此之后，他在那间寓所里自天花板上垂下一架红色丝绒的秋千，一有空便让伊芙琳裸着身子在架子上荡秋千，而他坐在一旁，手持香槟一半清醒，一半宿醉。

这种极致畸形的爱，让伊芙琳透不过气来。她多次试着挣脱他的束缚，总是无果而终。即便有男子前来求爱，也被斯坦福·怀特专横地阻挠。最终她的不甘心，只得变为无可奈何的服从。

直到百万富翁哈里·凯·索出现，与伊芙琳一见钟情，她的心中才又隐隐燃起微弱的希望。两个人趁斯坦福·怀特出差时，逃往欧洲旅行。在归来之后，伊芙琳答应了哈里的求婚。

两个男人激烈地争夺一个女人时，往往会以一方的死而分出胜负。在那场战役中，扳动左轮手枪的人是哈里，倒下的是斯坦福·怀特。

那段风流韵事，就这样落下了帷幕。只是不知那个少女，在午夜梦回时，忽然想起那段在红色丝绒架上荡秋千的日子，是否仍会惊出一身冷汗。

那年在南方出差，忙完手边的事情后，趁着还有时间，便换了轻便的衣服在附近的景点走走。

远处的山上蒸腾着雾气，天气像是憋着一场雨。由于没有备伞，早早地躲进一家客栈。要了一杯当年春天刚产的雨前茶，味道浓而不腻，由口入脾皆缭绕着一股干净的清新。

不多时，雨便下起来，倒是不大，却也没有要停的意思。索性就守着一杯茶坐在客栈里，反正店里的侍者不催促，况且里面又有恰到好处的安静。

过了一会儿，一个女声响起，指明要我喝的这种茶。我转过头去，看到她两条辫子搭在胸前，眸子很亮却也带着隐隐约约的慌张，像是怕失去什么一样。与她坐在一起的是一个中年男子，脸上虽有少年时的英气，到底上了年纪。

他们应该不是父女。

中年男子撑着伞消失在雨中，女孩儿则端着茶坐到我面前。

"他回去赶一个方案，过一会儿再来接我。他大我二十九岁，与我没有任何血缘关系。"

对面女孩儿这份大胆坦率，让我深深折服。

我笑着饮一口茶，也十分坦白地告诉她："我早已看出来了。"

雨下了很久，我们也聊了很多。我从来都是个很好的听众，她激动地诉说着，我则一次次续满空了的茶杯。

她告诉我，她希望变成瓶子里的插花，一辈子不凋谢，只为他装束。

在母亲再婚的婚礼上，人们将注意力都放在了母亲夸张做作的笑容上，唯有他看到了在角落中哭丧着脸的自己。那时她只有九岁，他却将她当作大人，与她对话，并将桌上的奶油蛋糕端来喂饱她饥饿的肚子。

对于颠沛流离的孩子而言，有人满足了自己的需要，自己便会对那人产生依赖，像是抓住救命稻草一样，死死地攥住那人的衣角。经过漫长岁月的冲刷，这份依赖会渐渐演变为爱情。

虽然，那时的她分不清，自己心中萌生的是恩情，还是爱情。她只懂得，要紧紧追随。

在她的请求下，他向她的母亲提出要收养她。母亲乐得甩掉这个拖油瓶，在收到一笔不菲的补偿金后，便爽快地在协议书上签了字。

自此之后，她搬进他的宅子。自己的房间与他的房间，仅仅隔着一扇雕花门。夜里，一方起来喝一杯水，另一方也能听到窸窸窣窣的声响，就连梦中都是些暧昧的片段。

他经常带着她出门，向朋友们介绍她时，总是连名带姓地说出她的名字，却绝口不提她是自己的养女。他们不是一个姓，所以不是父女，朋友们饶有兴致地打量着他们。倒是作为当事人的他们，极为坦然。

她渐渐长大，伏到他膝盖上的次数越来越少。他也很少穿过那扇门，走到她的房间去。更多的时候，她在桌上做功课，而他在屋子另一角翻看财经报纸。

角田光代说："人为什么要长大呢？不是为了逃进生活，也不是为了关上门，而是为了再相遇。为了选择相遇，为了走到自己选择的地方去。"

可是，她没有家，没有亲人，没有选择。她只有比自己大二十九岁的他，她是由他塑造的，她依赖着他。

有一次，他将女友带到家来，对女友说她是自己的养女。

她听见后，并不言语，只是说要带他的女友参观这座宅子。女佣忙着准备午餐，他在藤椅上看报纸，她领着女友走出客厅。

先是参观后花园，接着参观曲折的拱形走廊，后又引着他的女友来到卧室。

她的语调淡淡的，没有起伏，像是一场下不停的梅雨。她熟稔地说着自己住的地方，而那扇门之后就是他的卧室。

女友听着听着就变了脸色，有些急迫地问她是谁。她并不正面回答，只是说他应该早已告诉过你。语调仍是平淡的，却带了一种铿锵的杀伤力。

他的女友没打招呼就跑出了门外，他责怪起来时，她只觉得打了一场胜仗，心里有说不出的畅快。

原来，她是会嫉妒的。然而，恩情里面没有嫉妒，只有想要完全占有时，才会生出这种极端的情愫。

已经无法回避，这么多年，她一直深爱着他。

而他呢，将一个与自己毫无关联的少女养在家中，难道仅仅是可怜她无家可归？

自此之后，他再也没有固定的女友，即使暂时在交往中，也不会将她们带到她面前，而是将其安置在另一座寓所内。

同龄的男孩子们开始追求她，打来电话，寄来书信，而他总是毫无缘由地将他们喝退。她并不恼，反倒有一丝窃喜。他也在嫉妒，生怕自己被别人抢了去。

他们乐得相互折磨，虎视眈眈地注视着对方的一言一行，却永远站在合适的范

围距离内。不拥抱，不亲吻，却霸占着
对方。就连出差，他都要将她带在身边。

雨渐渐停了，茶已喝尽，他仍没有回
来接她。她很大方地替我付了款，拿起在桌
角靠着的伞，对我道了声再见。

天色已暗，第二天我也将要回去。

我并不知道他们最后的结局，但我明白他们之间永远没
有办法画下一个完整的句号。

从年少时便爱上的人，是永远不会斩钉截铁地忘记的。
那份感情太深沉太厚重，犹如银河上没有尽头的星辰。

然而，无论以后她嫁了年轻男子，还是跟随他一辈子，都希望
她在岁月中将过去看淡一些，在无光的夜晚中做新的梦。

因为你，我爱上了全心投入的自己

前一段时间，母亲参加了一个远房亲戚的葬礼。闭上眼睛时，他
七十九岁，算是寿终正寝。令人感到惊讶的是，回光返照之际，他竟
让女儿打开锁着的柜子，从厚厚一摞旧本子底下翻出一张黑白照片。

照片中的女人，烫着波浪卷，俏皮地笑着，颇有风情。然而，这并不是他已经过世的妻子。围在他身边的至亲，虽不明白其中的曲折，也并不拂逆他的心意。唯有他的女儿，跪在窗边，失声痛哭起来。

母亲与亲戚的女儿年龄相仿，平日里走得很近。在葬礼之后，母亲帮着送客，收拾狼藉的庭院。等到人群都散尽，她才与母亲坐在一起，将她父亲那段不为人知的故事讲给母亲听。

朝鲜战争爆发时，他十五岁，本不到参军的年龄，他却执拗地跟着部队来到朝鲜，与同伴一起驻扎在一个偏僻的小镇里。

镇上有一个美丽的女人，在战争时期仍穿着时髦的红色短裙和性感的丝袜，独自摇曳在镇上的街道上。就算是去菜市场买菜，她也得画上时下流行的妆容，蹬着一双充满情欲诱惑的高跟鞋出门。

在当地男人和士兵们的注视下，她就那样妖娆地走着。

流言蜚语永远绕着她转，而她从来不曾被真正伤害过。因她知道自己的丈夫就在前线，战争一结束就会回来。但在他没有回来之前，她只得被镇上的女人们仇视，被男人们窥看。

许是生活太过单调，十五岁的他，也不由自主地沦陷在她的风情与美丽中。他开始跟随大人们搜寻她的身影，在深夜偷偷爬过她家的院墙，透过她的窗子窥看她穿浴衣的样子，对着镜子化妆的样子，睡觉时抬起手臂搭在前额的样子。

有时，他也会站在门口放哨，让成年男人跳进屋内偷出她的口红、香水，吃过一半的零食，甚至是贴身的衣物。

最初的爱情，时常来自幻想。而幻想，往往让人甘愿沉沦。

他迷恋上了她的诱人丰姿。

有一天，报纸上登着阵亡者的名单，而她丈夫的名字赫然在列。

她成了名副其实的寡妇，那些窥看过她的男人一波一波前来慰问，内心却猖狂而丑恶地笑着。这一天，他们已经等了很久。

夜幕一降临，一个当地军官便明目张胆地敲响她的大门，坐进她的客厅，为她带来昂贵的胭脂水粉，递上手绢擦干她的眼泪。

夜晚过半，她再三婉言提醒，他才不情愿地起身离开。然而，军官刚要迈出门槛，就碰上了前来看望寡妇的当地有名的商人。军官再三阻止，商人仍执意走进屋，情急之下，军官便走到商人家中，叫来他的妻子。

商人的妻子将事情闹到法庭上，指控寡妇破坏自己的家庭。经过一番交涉，法官判处寡妇无罪。当然，这并不意味着她可以安然无恙地回家去，而是必须支付一笔高昂的官司费用。正是这笔她拿不出来的费用，改变了她整个人生。

她沦为妓女，而法官成了第一位嫖客。自此之后，她是寡妇，也是荡妇。

男人们在她的房中，来了又去。住在另一个镇上的父亲，听闻她的事后，毅然与她断绝关系，政府也停止了给予她的经济补贴。她甚至不敢出门，那些眼睛里放箭的妇人总会将手中的东西无情地扔向她。

只有这个十五岁的男孩，在对她的幻想中，真切地爱着她。他没有像那些成年男人那样，敲响她的门扉，然后给她一沓钞票。他只是像从前那样，远远地欣赏着她，关注着她。那份爱情，就像是青春里一场盛大的幻觉，不可触及的美仿佛都摇荡在水中央，纯真干净，不沾一点泥土。

这也注定了，他的爱情无法落地生根。

即便如此，他仍心怀感激。毕竟，追求才是最美的旋律。而他也因为这份没有说出的爱，渐渐成了一个男人。

战争胜负渐渐分明，人们在欢呼的同时，也将沦为男人玩物的寡妇拽到街上，辱骂她，殴打她。而那些觊觎她的男人们，只是站在一旁饶有趣味地看着，无动于衷。

唯有那个还未成年的男孩，紧紧攥着拳头，愤怒着，心痛着，却也救不了她。

最终，寡妇离开了镇子，带着满身伤痕。

战争结束时，同伴都要随军回国，少年也没有留下的理由。

在离开前一天，陷入平静的小镇又喧闹起来。因为，寡妇的丈夫回来了，他并没有阵亡，只是失去了一条腿，脸上留有一道很深的疤痕。

人们有些惶恐，又装作若无其事地看着他走进家中，当他看到家中一无所有，妻子不见踪影时，猛然转过身来，簇拥在门口的人们，霎时间一哄而散。

这一次，少年没有离开。他缓缓走进这个家中，走到这个独腿的人面前，告诉他，他的妻子始终在等他回来，却不得不在人们的迫害中离开。

回国时，他带了一张她遭人们殴打时男人们扔掉的她的照片。

后来，他凭着良好的出身，以及俊俏的容貌，被很多女人喜欢过。再后来，他在父母的安排下，与一个门当户对的女孩结了婚，生下了一个女儿。但是他心里仍为那个异国他乡的女人留着一个位置。那张带回来的照片，也被他永久地锁在了柜子中。

他就这样惦记了她一辈子，而她甚至没有看过他一眼。

母亲告诉我说，他的女儿应他的嘱托，将那张旧照片和他一起火化。

我想，在这一段长达一生的幻想爱情中，他思念的并不是那个教他成长为男人的美丽女人，而是当初那个义无反顾爱着她的自己。

但这些话，我并没有对母亲说出。

如果能重来，我还是爱你

圣诞节那天，正好是他们结婚一周年纪念日。两个人吃过浪漫晚餐后，继续在热闹繁华的商场中逗留闲逛，直至深夜。

走出旋转门，才发现地上已被覆盖上厚厚的雪，袭上来的睡意瞬间被驱走，只觉这是上天赐予的礼物。两人在雪地中一路奔跑着来到停车场，打开车里的暖气，在电台播放的情歌中拥吻。

街上仍有晚归的行人，以及疾驰而过的车辆，霓虹灯在纷纷而落的大雪中丝毫不落寞。他左手握着方向盘，右手应付着她的嬉笑打闹，觉得这个冬夜甚是美丽。

然而，正当他们在车内深情对望时，拐弯处赫然滑出一辆卡车，不由分说地撞上来。

电台的歌，飞扬着的笑声，戛然而止。

他受伤并不严重，只是胳膊和腿上留下一些几乎可以忽略的小伤疤。而她头上缠着纱布，多日处于昏迷状态。

醒来时，已是躺进医院的第十三天。她看到守在床边的人紧紧地握着自己的手，急忙缩回去，问他是谁。

他不禁愕然，转头看看站在旁边的医生。医生做出无奈的表情，示意他接受这一事实。

她的记忆停留在三年之前，那时他们尚未相识。这意味着，她忘记了他，忘记了他们共处的美丽时光，忘记了他们在岁月中积淀起来的爱情。

多少人希冀时光倒流，而对于他来说，这无异于一场灾难。

他需要重新赢得她的信任与好感，重新排除她父母对自己的偏见。而他并不能预测重新开始的结果，或许这一次她会选择不一样的道路，牵起另一个人的手。

而他，只能在这场命运的博弈面前，忍受，承担，像第一次追求她那样用尽全力。

深夜，他将一切收拾妥当，看着不认识自己的妻子睡熟，独自走出医院。开车回家的路上，他偶尔抬头仰望天空，忽然发现这个城市并没有星星，只有闪耀着的疲惫的路灯。

第二天，当他再来到医院时，发现妻子正和父母，以及她的初恋愉快地聊天，自己倒像个局外人一样，被忽视被冷落，即便感到万千不满与痛苦，也只得憋在心里，不能发作。

他站在门边，注意到妻子看初恋的眼神中，充满缠绵的温柔。是的，在她记得的时间段里，她与初恋还彼此相爱。而除了手持一张民政局颁发的结婚证，他拿不出任何与她有关联的证据。至于那些保存下来的结婚场景的视频，也仿佛藏在冰箱里的食物，冰凉得感受不到一丝温情。

在她出院那天，他早早地开车来接，而她的父母已帮她收拾好行李，要将她带回家。尽管他苦苦哀求，说和自己住在一起，才最有助于帮她恢复记忆，终究无济于事。争执不下时，他焦急地问她的意见，她虽知晓他深爱着自己，却觉得父母才是自己记忆中的家人。

看着她无言地坐上父母的车，他只能无奈地站在积雪还未融化的街道上。嘴中呼出的一团团白气，与深冬的大雾融合在一起。

她的父母想要借由失忆这个机会，重新塑造一个听话的，符合他们期许的，愿意走他们安排的道路的女儿。而他心里清楚，她最真实，最喜欢的生活状态，是按照自己的心意，在纸上绘出与心灵相契合的水彩。

只是，她的记忆没有为他留下任何存储的空间。原来，抹掉一个人，就像抹掉桌子上的那层灰尘那样容易。但他还是决定接受这个挑战，让她像自己爱她那样重新爱上他。

她真切地爱上过他一次，那么她也应该做得到第二次。

在尘埃落定之前，所有的爱情都要历经波折。

她的父亲借由自己的势力，重新让她返回医学院，只要读到毕业，便可在市医院任职。但她的父亲从未想过，这一份体面的工作，是为了替自己挽回几年前损失的面子，而并非真正为女儿着想。当然，在父亲心中，自己决定的事情，从未有过差错。

她听从父亲的安排，再一次坐在医学院的教室里，听教授讲课。

开始时，她尚且专心致志。渐渐的，她不由自主地开始拿着笔在摊开的书页上画不成形的线条。整整一堂课过后，她已将那一页书画成一幅寂静中带着温馨的街景图。

那一刻，她的心中隐约感到一些变化，一些纷乱的声音和场景片段式地混杂在脑中。

走出教室，她看到初恋男友在楼道中等她，便甩下脑中支离破碎的记忆，微笑着走向他。那时，她名义上的丈夫也朝她走来，穿着洗旧的牛仔裤，与初恋男友的西装截然不同。

她抱着书籍向丈夫致歉，随即跟着初恋男友走远。他静默地站在原地，看着自己的妻子和别的男人坐进同一辆车里。

只是，他并未看到，妻子透过车窗，时常侧过脸来看他。

曾经，他们是彼此的唯一。在一次次失望中，他逐渐明白，失去的记忆已经石沉大海。他需要做的，并不是费尽心机地找回她的记忆，而是和她一起重建新的记忆。

"我永恒的灵魂，注视着你的心，纵然黑夜孤寂，白昼如焚。"兰波的话，道出他的心声。

她和初恋男友坐在咖啡厅里，所谈的事情都是三四年之前的，说着说着便觉出两人之间的隔阂。她记得他以前爱喝曼特宁咖啡，如今却换成乞力马扎罗山口味。

一切都在改变，原地等着的人早已不是从前那一个。

在尴尬的片刻，他起身去卫生间。她独自坐着，用汤匙搅着早已凉却的咖啡。此时，先前的闺密挽着一位男子走进来，她欢快地起身走过去打招呼。然而，闺密看到她后，脸色瞬间变得通红。稍稍犹豫之后，闺密开始向她道歉，说自己当初不该在醉酒之后接受她男友的表白。为她受到的伤害，闺密深感抱歉。

说完之后，闺密像是放下多年的包袱那般，深深地呼出一口气。恰在那时，她的男友从卫生间走出。闺密看到后，匆忙转身离去。

她不动声色地坐回原地，听着初恋男友信誓旦旦地说从前与将来，都只爱她一人，心中像无边的旷野，猛烈地刮着呼啸而过的风。

丈夫决定抛弃记忆的包袱，重新开始。

在短信中，他将她约出来，带她去参加以前她常去的绘画展览。路过甜点店时，他停下车为她买一份她爱吃的卡布奇诺。

在绘画馆，她看着那些色彩明丽，线条舒展的绘画，手指不经意间握成拿着画笔的姿势，将衣裙当作画布，不自主地比画起来。

他在一旁替她拿着剩下一半的卡布奇诺，看着她专注的样子，心中有微光闪现。

来到这里，他并不是像她的父母，以及初恋男友那样，殷勤地讨好她，进而得到她，而是让她做回自己。

她的父母知晓他们的
约会后，又开始像从前那样
千方百计地阻拦，而她已经从朋友的口
中无意得知，父母曾因自己执意与丈夫结婚
而断绝关系，初恋男友拼命追求自己只是为
了得到父亲的遗产。

她渐渐地清楚自己的心意，冥冥之中开
始做出与三年之前相同的选择。

她又一次从医学院退学，开始上艺术绘画
课，着手创建自己的绘画工作室。闲下来时，
她接受丈夫的邀请，去从前他们常去的地方。

有的人，能轻易地伤害你两次。而有的人，愿意尽自己所能给
你一世温暖。

最终，她还是什么都没有想起来。
然而，在这片物是人非的景色里，她又重新爱上这个人。

如果能重来，我还是爱你。
这是我从朋友身上看到的最美的故事。

相守终老，才是最长情的告白

从《玩具总动员》《怪物公司》《机器人总动员》，再到《飞屋环游记》，彼得·道格特俨然成为最成功的动画煽情大师之一。

几次将《飞屋环游记》找来重看，仍是用掉很多纸巾。倒不是为老去的卡尔在老屋上绑满气球，带着妻子的遗像，穿过一座座城市到南美一座瀑布去冒险而哭，而是因影片仅仅用开头的十分钟，便讲述了夫妻两人从相识到相守的一生。

卡尔和艾丽本是两个做着探险梦的孩子，长大之后相爱成婚，相遇的小屋便是他们的婚房。光阴流动，他们的年龄不断增长，为实现去南美看瀑布的梦想，他们开始在存钱罐里储存梦想基金。但汽车爆胎、住院治疗、房屋修缮等意外，一次次掏空梦想基金，他们的期待也一次次落空。

他们在夕阳下依偎着看浮云变幻，在郊外散步时看飞鸟划过，在屋内休息时抚摸对方的脸颊。岁月更迭，转眼间他们已挂上拐杖。直到艾丽去世，他们仍是最相爱最般配的一对。

影片中的十分钟，演绎了毫无缺憾的一生。

在长达几十年的婚姻中，他们定也有过分歧，有过争执和吵架，但最终影片呈现出的，以及留在他们心中的记忆，自动过滤了那些悲伤与疼痛，只剩下玫瑰色的浪漫事迹。

有人说过，最初的牵手和最终的相守，是婚姻中最甘甜的时光。除此之外，中间多夹杂着难以出口的苦涩。

确实，每一段感情得经过时间的淬炼，接受烈火的煅烧。在这期间，夫妻二人都得忍受身心感受到的疼痛。忍到最后时，两个人才能真正融合为一，成为比血还要浓的亲人。坐在公园的摇椅上，回忆起这漫长的一生，才恍然明白那些艰辛不过风轻云淡，陪伴在自己身边的人是对方就好。

琼瑶女郎总是美的。在林青霞之前，最美的琼瑶女郎是甄珍。她的美，就像邻家妹妹那样，温婉、玲珑，小家碧玉一般。试镜时，无论从哪个角度拍摄，都挑不出一点瑕疵，也难怪被琼瑶相中。

结婚后，她便退出银幕。如若不是 2013 年金马奖将终生成就奖颁给甄珍，想必人们很难再想起她。当她穿着长裙站在台上时，人们仿佛又看到了《一帘幽梦》中的紫菱，娇俏、温润。

她说受之有愧，脸上分明有着发自肺腑的快乐。奖杯递到她手中时，全场起立，掌声久久不息。这是对一个演员，最大的认可与褒奖。但对一个女人而言，她最大的成就便是有个携手走过风雨的丈夫，台下坐着以母亲为荣的儿子。

回望先前的那些岁月，想必她早已忘记当初与谢贤离异时，心中是如何疼痛；也早已忘记与现在的丈夫结婚后，为那些鸡毛蒜皮的琐碎事而争执不休。她记得的，该是当初丈夫如何执意追求已经结婚的自己，如何一路跟随着自己拍戏的足迹，如何在婚后呵护自己，如何抚养他们共同的儿子。

因而，站在台上的甄珍，虽然染上了岁月的风霜，仍是那样温婉动人。

在走到河岸彼端的路上，她随行船颠簸过，在风浪里彷徨过，甚至沉入水中被淹过。但这皆是寻求幸福必经的途程，好在永远有人陪在身旁。

这是岁月给予的，最美的馈赠。

一部《廊桥遗梦》，赚足了人们的眼泪。

说得直白些，这不过是一个为人们所不齿的红杏出墙的故事。但其中的一句台词，却足够颠覆人们的是非曲直观："这样确切的爱，一生只有一次。我今天才知道，我的漂泊就是为了向你靠近。"

确实，文艺青年们为这一句话，悲伤地不能自已，一边抹着眼泪，一边感性地合理化了这段出轨的恋情。

你我都向往美丽缥缈，浪漫到极致的爱情，这无可厚非。毕竟，痛过才知道爱过。

弗朗西斯卡本是一个再普通不过的家庭妇女，与丈夫和孩子过着流水线般的平淡生活。做早餐，织毛衣，做家务，看电视，这是每天的必修作业。虽然枯燥无聊，但她仍是满足的，至少在为家庭无条件地付出时，换得了家人的称赞，家庭的美满。

然而，剧情要有些起伏才能算一个好剧本。

于是，编剧将迷路的摄影师罗伯特派到弗朗西斯卡身边，让他们在四天的单独相处中萌生爱的情愫。罗伯特点燃了她的欲望，这有些荒诞，但她不得不承认被对方吸引。

专为他准备的晚餐，上街买的新裙子，留声机里的音乐，浴池里哗哗的水声，都似春风一般，吹开了心中那朵妖娆的玫瑰。

在旋律的渲染下，罗伯特将手放在她不再纤细的腰肢上。从在屋内跳舞，到在床上缠绵，没有刻意过渡，没有半点矫揉造作，一切都自然而然。

所以，在清晨到来时，弗朗西斯卡情不自禁地说道："带我走。"

她想要借由罗伯特这块跳板，从沉闷的现实跳入值得憧憬的梦境之中。

然而，爱并非跟随心爱之人到天涯海角那样简单，更多的时候，身在其中的人，需要负起家庭的责任，需要注重贯穿在爱情之中的亲情。

因此，当丈夫和孩子将要回来时，她冷静地收回了那句"带我走"。她是一个女人，是一个妻子，身上担负着家庭的责任。她只得留下来，扮演好这个角色。

几十年过去，她依旧无法忘记那个美丽的疯狂的夜晚。尽管如此，她仍是一个合格的妻子，一个伟大的母亲。

心中没有遗憾吗？有。然而，回望这一生时，她记得的仍是与丈夫孩子相处的点滴时光。

一生如此，足矣。

走在街上，身边不停地走过一对对风华正茂的情侣。爽朗的笑声，像是对孤单的自己的一种挑衅。我只能笑笑，到底年轻人太过张狂，太轻视岁月。

但当我看到那些相互搀扶着走过斑马线的老夫妻时，我总会忍不住鼻子发酸。无须炫耀，相伴着走过漫长时光的他们才是生命中最大的赢家。

"从今以后，咱们只有死别，不再生离。"杨绛写出的语言，有饱经风霜的味道。

去爱吧，像不曾受过伤一样

为了爱，我情愿一意孤行

若不是伊莎贝尔·阿佳妮，我是不会去看 20 世纪 70 年代的一部老影片的。

她在银幕上好似一瓶媚药，引诱着众人毫不犹豫地喝下，魅惑着旁人，也魅惑着自己。

那一双如蓝色深潭的眼睛，似乎随时可投入爱的烈焰，一边癫狂着，一边绝望着。被她爱上的人，也总是一边享受着，一边躲避着。

谁能承受得起这样沉重热烈的爱呢？即便心中再兵荒马乱，也只得假装镇定如冰。若非如此，连自己也会被烧成灰烬。

她决然地站在海边，抬起略带骄傲的下巴，眼神中放射出痴狂与桀骜，对着天空坚定地说道：

"千山万水，千山万水，去和你相会，这样的事情只有我能做到。"

镜头凝滞，裙裾飞扬，她深深地直视前方，凛然不动。

那绝美的面孔，眼中闪耀的光芒，以及心间呼啸着的轰鸣声，饱含着一股无法摧毁的力量，连带着狂风与骤雨，猝不及防地喷涌而出。爱情爆裂出的熊熊火焰，果真是让人不敢凝视。

这就是《阿黛尔·雨果的故事》这部影片想要表现的极致之爱吧。

伊莎贝尔·阿佳妮饰演的阿黛尔，在貌美如花的年纪，爱上了跟随军队驻扎在法国的平松上尉。最初，平松尚对年轻漂亮的阿黛尔有着绵绵爱意，只是热茶易凉，烟花易冷，不消几日，他便对她失去了兴致。恰在此时，军队要继续前行，平松便随之去往加拿大哈利法克斯，将阿黛尔抛却。

做梦的时间总是短暂如一瞬，梦境幻灭之后却需要很长的时间去收拾残局。

摆在阿黛尔面前的残局，使她渐渐走上爱的不归路。

她不顾父母的阻挠，只身离开法国，紧紧追随着平松的步伐。从法国到哈利法克斯再到巴巴多斯岛，路程比她想象中遥远，而她从未想过要放弃，甚至有些神经质地喜欢上这样随他颠沛流离的生活。

在追随平松期间，她说谎，假装怀孕以破坏他与未婚妻的婚约；她乞求，一次次向病重年迈的父母伸手要钱；她疯狂，知晓他身边莺莺燕燕，花钱替他找妓女。尽管遭到他的凌辱、鄙夷、唾弃，甚至是逃避，她也不曾后退半步。

这是她的阵地，她必须坚守，哪怕阵亡。

这一切的一切，只是为了博得一点点关注。她甚至都不敢奢求得到他的爱。

托马斯·萨拉蒙在《读·爱》写道："凝望你时，你严格、苛刻、具体。我无法言说。我知道我渴望你，坚硬的灰色钢铁。为了你的，一个触摸,我放弃一切。"

爱情,从来都是这般不对等。一意孤行的人,把感受到的疼痛也当作幸福。

阿黛尔是注定要为这份爱变得狂野疯魔,即便她的美丽与才情被她所爱的人一寸寸吞噬消磨,她也毫不在意。

最终,她失掉了灵魂,成了一具麻木的躯壳,甚至某一天面对前来警告她不要再纠缠平松的自己,她也不认识了。

爱到最后,竟是忘了自己,也忘了曾经痴迷过的人。

后来,她再也不像从前那样狂热了,然而这份如冰的冷漠,却比狂热更让人胆寒。

导演弗朗西斯·特吕弗用了长达六年的时间来构思这个故事,在一次又一次地面临瓶颈时,他甚至产生过放弃拍摄的念头。直至他遇见阿佳妮,他才确信这部影片终会以磅礴的气势面世。

那一年,阿佳妮不过十九岁,正值锦瑟年华。谁都无法否认她的美,当然这美不同于海伦带来战争的美,也不似克里奥佩特拉极具征服欲的美,她的美用于燃烧自己,捧出毫无杂质的爱情。

在饰演阿黛尔时,她仿佛在演绎自己的人生。是的,在现实生活中,她也曾忍受过离合的悲喜,承受过背叛的疼痛,义无反顾地扑进熊熊烈火中。

在与英国演员丹尼尔·戴·刘易斯初遇时,她就被他那双浅蓝色略带忧伤的眼睛所吸引。对于这份甘愿沉坠到深渊的爱情，她曾这样说道："在爱里，必须完全奉献自己，同时也应该做好承担痛苦的准备。谁都无法控制爱情的来去。"

正如她所说，她毫无保留地奉献着自己，心无旁骛地爱着，甚至为他怀了一个孩子。只是，她不曾预料到痛苦会来得如此迅疾，以至于不知所措，无从准备。

两人相恋六年之后，他结婚了，新娘不是她。她所得到的只是一张字条，言说："我不愿你在所有人之后知道这件事。"

她控制不了爱情的来与去，只能拿起电话，给他送去祝福。

弄得遍体鳞伤后，至今她仍是孤身一人。

在爱着的时候，我觉得周边兵荒马乱，而你始终从容淡定。

人们都提醒我，爱得越多，越危险。而我并不害怕，因为我觉得爱可让一切俯首称臣。

爱情消融之后，我好似经历一场血战，最终倒下的不是你，而是我。

那时我明白，被爱之人的手中，才牢牢掌握着胜利权。

值得回忆的事情，往往是那些叛逆的事情。比如，在爱中一意孤行，自我坠落与伤害。

经历过这些，才可走向平和的深秋。

你我如此，阿佳妮也是这样。她是银幕中为爱而疯魔的不幸女子，走出银幕她已静下心来安于生活。平日里独自照顾渐渐长大的孩子，接到剧本便会在电影上投注热情。闲暇时，她读普鲁斯特、巴尔扎克、梅里美和拉辛。

她依旧美丽，仍然富有表现力，只是这些于她而言，不过是绸缎上的玫瑰，可要可不要。

至于爱情，她仍相信，却不像影片中的阿黛尔那样，爱到忘了自己的灵魂。

这样的结局，终归是好的。

爱，就是痛并快乐着

一段时间以来，眼前总是出现松子的那张脸：美丽的，坚韧的，盲目的，又带着诸多歉意的。

很难一句话说清这是怎样的一个女人，一边为她抱不平，一边恨不得将她骂醒，同时又忍不住因感动而落下泪来。

萨特说："时时自我克制，是愚蠢的事，因为你在毫无意义地耗尽自己。"松子从来不懂得克制自己。为了爱，她放弃尊严，将自己置于卑微的境地；为了爱，她不顾一切地追求，每一次都到穷途末路；为了爱，她不惜任何代价讨好对方，粉身碎骨毫无保留地付出。

跌到深渊里，摔得鼻青脸肿，照样带着一身的伤痕赤着双手往上爬，流血就像流汗一样正常。她不在乎别人说她在咎由自取，她只是一次又一次爱到极致。

最初，我不懂她心中的伤痕为何就那样容易痊愈，后来，我才知道，她是要在下一段爱中寻找疼痛的解药。

《被遗弃的松子的一生》本来是一部喜剧，却活生生催出了眼泪，或许这就是导演中岛哲也的厉害之处。

作为一名中学教师，傻气地爱护着自己的学生。当叛逆的学生闹出盗窃事件时，自己竟主动担起罪名，不但拿出自己全部的工资替他还债，还用偷窃的方式填上缺口。最后，学生不仅没有袒护她，反倒是泼了她一身脏水。于是，她被学校解雇，开始颠沛流离的一生。

很难说她是不是后悔那样做，命运将她推到风口浪尖上，她只得掩盖起疼痛，全盘接受生活掀起的层层波折。

遇到作家八女川，没有名分地同居在一起。他江郎才尽，写不出文字，赚不来稿费，脾气暴躁，酗酒为生，看松子不顺眼，拿起手边的硬物就是一阵摔打。她习以为常，阿Q式地安慰自己，总比一个人好。为了换取他的酒资，甚至去做土耳其浴女郎。

八女川自杀之后，松子和八女川的朋友冈野混在一起。明知他对自己的全部欲望，只不过停留在要征服八女川的女人上，也毫无顾忌，全情投入到这一场全新的恋爱中，最终因被他凶狠的妻子发现，被狠心抛弃。

失去爱情，如同失去了灵魂，她开始自甘堕落，自暴自弃，凭着漂亮的脸蛋，做了酒家女。逢场作戏中，爱上小野寺，一颗心又复活，失去尊严，失去理智，只为讨得对方欢心。因无法忍受小野寺的背叛，将偷情的两个人通通杀死。

逃亡到东京，爱上憨厚的理发师，并生下一个可爱的孩子。本以为生活就此安定下来，终成泡影。当警察推门而入时，生活又由暖色调变得暗淡压抑。接下来漫长的八年，她都在牢狱中度过。

牢狱的大门为她打开时，人们都以为松子将要开始新的生活，由衷地为她感到高兴，可她竟一头栽进当初出卖自己的学生的爱情中。这一次，他或许真的深爱着松子，却不懂得如何去爱护她。最终，他因赌入狱，离开松子。

爱一次，被抛弃一次，然后再爱，再被抛弃。她就是这样情愿在痛楚中甘之如饴。每一次受到打击后，她都会消沉一阵子，以为不会再爱了。可是，当下一个男人出现时，她又会因为对方一句温柔的话语、一个关切的举动而满血复活。

对，她转身就忘了曾经尝过的伤痛，全身心地投入到下一场恋爱中，就像第一次爱上一个人一样，就像从未失恋过一样。

在反复的追求与被抛弃中，松子在墙壁上留下了一句遗言，而后孑然一身跳进了冰冷的河水中。那一年，她五十三岁。

她将爱当作生命的指引，于是自然而然地做了男人的奴隶，乐其所乐，苦其所苦，永远服从，绝不反抗。

你恨不得指着她的太阳穴，将她骂醒。可是，下一秒，你又想忍不住地牵起她的手，将她拽出这不见底的深渊。

置身其外的人，都觉得她这一生过得毫无意义，就连她自己都说，

生而为人，我很抱歉。然而，她从来没有怀疑过爱情。即便她所爱的男人们，最终都因厌恶与气愤毫不留情地打碎了她的美梦，她仍拍拍身上的尘土，从头再来。

从一个天真幸福的孩童，到懂得悲伤的少女，再到中学教师、妓女，成为逃亡的杀人犯，最终在孤独中结束生命。她的一生，一直在爱中往下坠落，每一次坠落都是因为爱上一个男人。哪怕是下地狱，她也愿意奉上自己的金钱、美色和爱，取悦生命中出现的每一个男人。

她爱得太猛烈，太执着，太盲目，不计代价，不畏陷阱，不怨不悔。

而她身边的男人，总是在这淋漓尽致的爱中，索取、挥霍、畏惧，直至潜逃。

周而复始中，她不曾感觉到累。

阿尔福雷得·D.索泽在诗中写道："去爱吧，像不曾受过伤一样；跳舞吧，像没有人欣赏一样；唱歌吧，像没有人聆听一样；干活吧，像不需要金钱一样；生活吧，像今天是末日一样。"

看完电影后，我只想把这首诗献给松子。

曾在爱情中感受到刀割的痛，从此像是绝缘体一样，害怕又是一场空，越是美丽的东西越是不敢碰。

也曾希望自己就是银幕上那个松子，第二天清晨时，把一切伤痕都忘掉，踮起脚又去够一够幸福的枝梢。大多人到底没有她那样的勇气，所以离群索居过着单调的日子，小心翼翼锁着一颗心，假装看不到满园的姹紫嫣红。

生活没有任何起伏，确实感受不到任何疼痛，却也从来不会嗅到幸福。我不是松子，不会淋漓尽致地在爱中耗尽自己，但也不至于就此一蹶不振，在年老时没有留下任何值得回忆的事。

抹一抹伤疤，还是重新去爱，去追逐，去冒险。

相信爱情的人，终会和爱情相遇。这话说得没错。

但前提是，疼痛之后，仍有爱的激情与力量。

愿你今夜不再流浪旧梦中

妍独自去看一场午夜电影，前排的情侣在黑暗中接吻。片尾曲响起时，灯光骤亮，她看着稀疏的人群三三两两散去，茫然无措，不知道刚刚喧嚣而寂寞的电影说了些什么，甚至想不起那部电影的名字。

电影院像是一处收容所，收留着无家可归，或者有家可归却不愿意归的人。妍属于后者。已经不记得有多少次在电影院抱着一桶爆米花消磨掉整个夜晚，在声与色的交织中，枕着左臂迷迷糊糊睡去。

醒来时，天已微白，灯仍不知疲倦地亮着，前台值班的工作人员或是无聊地玩手机，或是趴在桌上睡觉。

她将关机的手机重新开启，看到二十三个未接电话。

惨淡的月牙还没有消隐，路上偶尔疾驰过一辆车，卖早点的小铺还未开门。她独自一人走在马路上，踢着路边已经变形的易拉罐，听着它们滚动时发出的寂寞回响。

她还是要回家去。纵然与家中等她的丈夫在一起，亦较独处更孤独。

她永远记得回家的路。

如果不在深夜出来看一场电影，妍状态好会喝一杯牛奶，很快入睡。但每到半夜，就会在丈夫焦急的梦话中惊醒。她用力推醒他，他知道自己说梦话后，不发一言，翻个身又伴着一阵呼噜声睡去。而她开始长时间地失眠。

失眠时，往事就像那些已经死去的鱼，翻着白肚皮重新浮现在海面上，散发的气息带着些许腐烂，想要屏住呼吸禁止这些味道进入体内，却有窒息的危险。窗外的风拍打着窗户，她又想起三年前那个刮着大风的夜晚。

她知道那个夜晚会伴随她一生。

如果她与丈夫是两座岛屿，那个夜晚则是阻隔在他们之间的无边水域。海水没有干涸的时候，两座岛屿也没有相接的时候。

他们只能相互遥望着，看着彼此被寂寞的海水包围，无动于衷，也无能为力。

三年之前，他刚刚与女友分手，满身落拓。在父母的安排下，他不情愿地与妍见面。妍看到他穿着宽松的牛仔裤，没有熨烫过的褶皱衬衣，下巴的胡茬青而茂密，大口大口地喝着威士忌苏打。她见他不说话，也并不觉得尴尬，只是自顾自地要了三个球的冰激凌，从包中拿出一袋玫瑰茶，拈出五颗，放在杯中，吩咐服务生上一壶热水。

他忽然被击中，前女友也曾这样做过。玫瑰茶在热水中渐渐散开，将水染上轻微的红色，淡淡的香味散开。他下意识地从衣兜里拿出烟，刚好经过他们位子的服务生善意地提醒他，这里禁止吸烟。他只有在紧张的时候才会吸烟，他被自己的紧张吓了一跳。

她将玫瑰花吹到一旁，喝下一口，看到已经皱了的烟盒上印着两句诗：与君初相识，犹如故人归。

她立刻知道这烟的名字是茶花烟，父亲以前也常吸，有很多人因为烟盒上的这两句诗爱上了这种烟。只是，她也明白，现今的茶花烟烟盒上早已没有了这句诗，因而他所用的烟盒是特意保留下来的。如此看来，他倒也是念旧的人。

人们都说念旧的人，重情。

可是，念旧的人，也总是典当拥有的时光，以换来过往空洞的欢愉和安慰。他没有安全感，也不能给予别人安全感。

即便如此，妍还是被他莫名地吸引。当然，他也找不出拒绝她的理由。双方的家长都很满意，选吉日、写喜帖，通知亲朋好友，挑选举办婚礼的场所。三个月后，他们在所有人的见证下，互换婚约和婚戒，成为生活在同一屋檐下为彼此遮风挡雨的夫妻。

日子有条不紊地过着，没有争吵，没有冷战，仿佛一不小心就可以相依到老，就像是一部电影的开端，色泽明丽，笑声放肆而不尖刻，即便主人公住在郊区一间租来的小屋中，也会有风将蓝色的窗帘吹起，阳光照着床铺。

然后，放映电影的机子突然卡住，屏幕上凝固着主人公扭曲的表情，一人没来得及说完想说的话，一人没来得及做完想做的事情。等到机子修好，电影再接续起来时，剧情已经急转直下。

婚后一个月的某个深夜，他们已经拥着入睡，一阵急促的手机铃声忽然将他们震醒。他腾出手去摸枕边的手机，将电话挂断。挂断后，铃声又响起。反复几次后，他终于不耐烦地按下接听键。他口中的"喂"字还未说出，手机里便传来他前女友尖锐的声音。

她与他同时清醒，屏气凝神听着对方的哭喊。前女友在电话里又是哭又是闹，大声叫着他的名字，请求他与她和好。妍拧开台灯，坐起来，只是静静地听着丈夫跟前女友纠缠不清，不说一句话。通话持续半个小时后仍没有结束，妍脸上不动声色，手指则紧紧地拧着被子一角。电话里传出前女友威胁他的话，如若他今晚不到她家去，他会后悔。

挂掉电话后，他试探性地问她，可不可以出去一下，一个小时后回来。她没说话，他便将她的沉默视为允许。她看着他从衣柜中拿出新买的衣服，穿上最喜欢的那双鞋，而且装上一盒茶花烟，心一寸寸往下坠。于是，在他将要走出房间的那一刻，她掀开毛毯，穿着睡衣抢先一步走出，然后在他未反应过来时，迅速将房门从外面锁上。

他犹如一个流浪歌手，归宿不在此处，也不在彼处。他只是偶然经过，留下迷惑人心的温暖后，终究要离开。

她不允许自己一无所有，在无法挽留住他的心时，她只能禁锢他的身体。

她在沙发上醒来时，不过五点钟。看着屋内的灯仍旧亮着，便拿出钥匙打开房门走进去。他一夜没睡，胡子茬又冒出来，烟头扔了一地。

她刚生出的一点心疼，在一瞬间熄灭。未出口的安慰，也生生咽下去。

两个人沉默着穿衣服，洗漱，吃早点，然后一起出门上班。车刚开出小区，就看到前面的路段已被警察封锁。人群簇拥着观看，他打方向盘准备转弯绕路时，听到两个人的对话。一个人在问那个女人为什么跳河呀，另一人说肯定是刚和男朋友分手。他想起昨晚前女友的电话，脑中一阵轰鸣，将车停在路边后，毅然走下车，挤进人群中。

妍打电话向公司请假，站在丈夫身后等着警员打捞坠入河中的尸体。

时近中午，太阳越来越毒辣。最初时，他的影子尚能投到她的身上。渐渐的，他的影子只贴在自己的脚跟地下，与她隔着一段很远的距离。

下午一点三十二分，跳水的女人被打捞上来。脸已经水肿，但仍可认出模样。

那一刻，他转身挤出人群，将人们的议论纷纷撇在身后。擦过妻子的肩膀上，甚至没有正眼看她。

她站在原地，不能判定昨天的行为，是对是错。感情本来就没有道理可讲。如若她没有将房门锁上，今天溺水的人可能就是自己。

可是，无论怎样，她都会失去这段爱情。

自此之后，他们对那件事都绝口不提，像往常那样过着安顺的日子。

只是，他开始在入睡后说梦话，一开始她听不清楚，后来她明白那是在央求前女友不要跳下去。

他们的生活，就像是不着边际的大海，表面风平浪静，下面暗潮汹涌。时日渐长，她越来越难以忍受这种窒息，开始发脾气，摔碎盘子，将整个家中翻得面目全非。想借由此，让他注意，让他愤怒，而他只是默默将家收拾妥当。而后，她会猛然拿起他嘴里的烟，拼命而恣意地往手腕上戳去。看着渐渐模糊的血肉，她带着泪水笑起来。

他夺过烟头，平静而认真地对她提出离婚。

而她一口回绝。

但最后他们仍然离婚了，因为破镜难圆，都要追寻新的开始。

生活不会什么都给你

夕阳照着后海。

白天，人们站在阳光里，沿着街道漫无目的地闲逛，与陌生的人遇见，而后擦肩而过。夜幕降临，疲倦的人们走进酒吧，摘下伪装的面具，在啤酒的泡沫与重金属的音乐中，肆无忌惮地释放积蓄一天的来自世界的恶意。

午夜之后，喧嚣渐渐退却，此时的音乐，由重金属转变成舒缓的英文老歌，或是安静的萨克斯风。人们东倒西歪地趴在吧台上，等待曙光将自己唤醒。

自始至终，吕贝站在酒吧的音控台后面，掌控着歌曲的走向。驻唱歌手卖力地唱着，人们摩擦着彼此尽情地舞动着，尖叫着。没有人注意到他。

他低着头拨动音乐键，许久不剪的头发遮住了眼睛，右手中指上的银戒在炫目的灯光下，闪闪发亮。来到这座浮华的城市一个月后，他找到这份工作。白天，他躲在出租屋中听唱片。夜晚，他在喧嚣的酒吧中，将自己隐藏起来。这样，他觉得安全，也更容易忘记一些事情。

木心曾说过，一个地方的风景，在于它的伤感。

所以，吕贝离开南方那座遥远贫穷的小镇，决心忘掉那片带着悲伤情绪的风景。

至于那些曾经许下的天荒地老，终究无法对抗无常的世事。毕竟誓言的美丽，不在于实现，而在于许下那一瞬间，人们愿意去相信它的存在。

既然如此，在另一个地方，重新欣赏一片陌生的风景，应该不是太过艰辛的事情。

在音控台上，吕贝时常放一杯威士忌冰咖。工作的空隙，他稍一仰头便喝下很多。每当那时，他的眼睛总会撇到坐在靠近窗口吧台上的女孩儿。

已经连续七八天，她每天都在八点钟准时来到这里。她不点歌，不跳舞，穿着朴素，干净的脸上连一条眼线都没画，只点一杯奶昔，坐在同一个位置。十二点过后，萨克斯风音乐缭绕在烟圈里，她喝完最后一口奶昔，独自走出酒吧。在开门的那一刻，深夜的风灌进她的风衣。他忽然之间，感受到她的孤立无援。

在第二十一天时，吕贝终于暂时将工作交给助手，在酒吧外抽了一支烟，看了一会儿嬉闹的人群，然后回到酒吧坐到女孩儿的对面。

女孩儿注意到他右手中指上的银戒指，眼神又看向别处，手中仍旧握着那杯剩下一半的奶昔，一副若无其事的样子。

舞池中尽是赤着胳膊陶醉在旋律中的红男绿女，空气中散发着暧昧而腐烂的味道。每一个来到这里的人，都是为了排除寂寞，却渐渐发现，在此处待得越久越寂寞。

他喝一口威士忌冰咖，问她为什么总是一个人来到这里。

"我在等人，我们约好在这里见面。"她的眼睛穿过他，将焦点定在他背后虚无的浮尘上。

她在等一个不会赴约的人，在意志力崩塌之前，她什么也不会做，只能这样等下去。不知道多久，也不知道等待本身的意义，她只是在做"纯粹的等待"这样一件事。

在下一首歌唱起之前，吕贝又站回音控台后面。那一天，她离开时，特意看了看音控台后面的他，随后才披上风衣，走出酒吧，走进被霓虹灯照亮的夜晚。

他沉浸在音乐中，认定这个女孩儿明天晚上还会来。而住在他心里的那个女孩儿，那个亲自为他套上戒指的女孩儿，却依然捆绑着他的自由。

黎明将至时，酒吧里的人群散尽，他结束了一天的工作。走在回家的路上，他又一次想起那场没有分手，却已永远结束的恋爱。

那时，他在南方小镇里唯一的一家酒吧，做着与现在同样的工作。他的性格内敛而淡漠，而当时的驻唱歌女，直率而坦荡。两个人因自身缺少对方骨子里的东西，而相互吸引。一个月后，两个人建立恋人关系。

只是，在遇见他之前，她的生活太过混乱，太过放荡，为了赚取生活费，随意与不同的男人发生关系。她以为他知道自己的生活状态，因而从未提起。直到他们同居的第一晚，她才意识到没有主动向他说明这些事情，后果有多严重。

自此之后，他开始变得乖戾、无常，有时对她呵护备至，有时则将她推到墙上，抽打她，折磨她。她劝慰自己，这不过是因为他爱得太深。

其实，爱得太深的人，是她。

每次被呵护时，她诚惶诚恐。每次面对拳脚相加时，她无声忍耐。

他太骄傲，也太自卑。所以，面对她的讨好与求饶，他始终做不到原谅，也从未真正接纳她。

在明白一切都无法挽救时，她将他的衣服全部洗净晒到阳台上，将桌子与地板擦得一尘不染，将他爱吃的饭菜做好放到冰箱里，而后卸下他剃须刀里的刀片，深深地划进自己的左手腕。当鲜血滴在卫生间的地板上时，她觉得罪恶终于从身体里流出。

　　他抱着她冰凉而干净的尸体，在卫生间里待了三天。

　　不知遇见得太早，还是遇见得太晚。他们只会合了一瞬间，便在相互伤害中渐行渐远。

　　想要走出往事的阴影，吕贝用微薄的工资买了一张到北京的火车票，住在七平米的地下室。在这座繁华而冷漠的城市里游荡一个月后，他找到这份后海酒吧的工作。

　　与酒吧等人的那个女孩儿搭话的第二天，他在喝威士忌冰咖时，又抬头看到了她。恰好，她正穿过舞动的人群，看向他的眼睛。

　　接下来几天，她仍像往常那样捧着一杯奶昔，坐在原地。渐渐地，她自己也分辨不清，她是在等那个未曾赴约的人，还是在等站在音控台后面的男人，走上前来搭话。

　　他们两个人，一个人因为想要遗

忘，重新开始；一个人觉得无望，想要抓住一根救命稻草。不需要太多的做作的过程，两个人便默契地选择彼此作为尘世的寄托。

接下来的时间里，她会安静地坐在原来的位置上，等他在工作的间隙前来和自己随便说些什么，然后伴着困意等他下班，一起回到租来的小屋。

在上一段无疾而终的爱恋中，在疼痛与自责中，吕贝已经学会包容，懂得珍惜当下比追问从前重要。于是，他摘下手上那枚戒指，不问这个女孩儿有关等待的故事，只是深深喜欢着她现在的样子，小心翼翼地编织着他们的未来。

为了让他们的生活不至于太过拮据和寒酸，他除却酒吧的工作，又找了一份将成型的音乐进行后期制作的兼职。

心房中再次装进一个人时，他觉得生活变得踏实而有干劲，时常会不自觉地哼起没有歌词的旋律。

在相互陪伴与相处中，他们逐渐变成一个和谐的整体。彼此身上延伸出岁月的年轮，面对面站着，就好像从镜子中看到另一个自己。如此，曾经毫不相干的两个人，就有了生命的关联。

都怪月光太温柔，命运太残忍，让最对的两个人，相遇在错的时间。

第七十六天，她在等他下班时，她从前等的那个人走进酒吧。在看到她的那一刻，他悲伤的眼神里，掩饰不住欣喜，原来她还在原地等着自己。

这个人不顾她的惊愕，以及她眼中混合着复杂情绪的泪水，将近来的遭遇一股脑地倾倒而出。他告诉她，自己回到家后，父亲突然旧病复发，住院两个月后终因救治无效而去世。他与母亲一起操办完丧事后，才急忙返回。

她穿过人群，看站在音控台后面喝着威士忌冰咖的，那个填充自己空白时光的男人，泪水喷涌而出。而吕贝只能将音乐声调大，以掩盖自己的慌张与无措。

他已经蜕变成最好的他，她也已出落成最好的自己。但是，最好的他们之间，仍然隔着一大段没有道出的过去，以及跨越不过的命运。

最终，那个突然出现的男人，为她披上风衣，拥着她走出他的视线。

酒吧里还是那么哄闹，而吕贝再看不清爱情的底色。

学会让自己什么感觉也没有

杰克·凯鲁亚克说："世界旅行并不像它看上去的那么美好，只是在你从所有炎热和狼狈中归来之后，你忘记了所受的折磨，回忆着看见过的不可思议的景色，它才是美好的。"

提着旅行箱，辗转在各个陌生的遥远的角落，并不像出发之前那样兴奋，是时有发生的事情。身临其境，有时并不如隔岸观火来得美妙。于是，带着异乡的尘土回到熟悉的地方，遥遥回想起当时的哀伤与孤单，才恍然觉出它的美丽。

在威尼斯彩色岛的那段日子，住在先前在台北旅行时认识的朋友Kathy家。临水而居的一栋两层小城，墙壁粉刷成橘黄色，暖意流动。

我住在二楼的客房中，拉开窗帘就能看到小舟穿梭而过。客厅里散乱地堆放着 Kathy 的画作，并没有因为我的到来而特意收拾过，随性而潇洒。

白天她搭邻居家小舟出去授课，把自家的小舟留给我。初来时，觉得一切都很新鲜，时常驾着那只小船荡来荡去。而后有一天，忽然听到邻居家传来钢琴声，像是丝缎那样轻柔，却又有种揪心的疼痛。那一刻，似乎冰封的洞口猛然被凿开，暴风雨肆虐地闯进来。

我对钢琴并没有什么鉴赏力，但还是被深深吸引，觉得能弹出那样旋律的人，一定是有故事的人。

一天之中，我哪里也没有去，单单听着这叫不上名字的钢琴曲，就觉得已经环游了整个世界。

Kathy 回来时已是傍晚，手中拿着学生交上来的写生。喝咖啡的间隙，我有意无意地提起邻居家的钢琴声。Kathy 告诉我说，弹钢琴的是一位年过七十的老太，老伴是一名医生。两个人相依为命，没有生养一个孩子。

我试探着问，可不可以到家中去拜访。

用一篮水果，去换一首钢琴曲。这是 Kathy 告诉我的秘诀。

铃声响了三声之后，我听到门锁松动的声音。

老太温和地看着我，看得出，她耐心地化过妆，嘴上的玫瑰红与脸上的胭脂衬得她极为优雅。身上那条蓝色的披肩与全白的头发，更为她添了一种高贵的气质。

只是，从开门到行至钢琴前，她都靠轮椅挪动。

那一天，家中只有她一个人，我并没有见到她的老伴。

或许，很多天都是如此。

我坐在她后面，看她的手指游走在黑白键之间，有种她时而升入天堂，时而坠入深渊的错觉。极致的欢快与彻底的悲伤，混杂着流淌出来，让人觉得希望与绝望同在。

我对那首曲子依旧没有太多的鉴赏力，只是觉得她的背影，瘦弱，落寞。不，不仅仅是这样，应该也带着一丝不易察觉的期许。或许正是这一点点期许，让她有了生的欲望。

琴声止住后，她缓缓回过头来，眼神中聚着光亮，看清身后的人是我之后，那些光亮又一点点散去。

我想，这样聚起又遗失的光亮，出现得并不是第一次。

"如果夜太凉，你可以焚香，煮茶，或是思念。总有一种暖，挂满你我记忆的老墙，不要去倚靠，会有时光剥落。"扎西拉姆·多多的言语太容易击中人心。

独处太过寂寞，只能将时光一层层剥落。有人在时，忍不住要把那些斑驳的时光捧出来，说是在讲给别人听，其实在自我诉说。

我按照老太的吩咐将带来的水果切好放在盘中，倒上沙拉酱，当作午餐。

我有大把的时间用来浪费，老太有足够凄艳的故事要倾吐。我们是再合适不过的伴，下午的光阴应该不难度过。

其实，每一个听来的故事，都是滥俗的。

可是，越是滥俗的故事，就越曲折，也越能赚来人们的唏嘘与眼泪。

老太年轻时，在去奥地利演出的路上，出了车祸，截断了双腿。在医院治疗期间，她几次试图自杀，都被自己的主治医生，也就是她现在的老伴及时发现。

很长的一段时间，她都躺在病床上，望着天花板。医生前来查房时，会给她带几本小说，放在床头，有时也带来薄薄的琴谱。不管是什么，他都不忘在里面放一张写着鼓励话语的字条。他知道病床上的这个女孩儿，虽然倔强但不会自暴自弃，她会在没人的时候，偷偷地翻阅这些书籍。

如他所料，她确实振作起来，决意以后坐着轮椅弹奏钢琴，没有听众就弹给自己听。只是，他没有料到，她爱上了他给予的温暖，并让他做自己的家庭医生。

他接受家庭医生这项请求，却在知晓她的心意以后变得冷漠如冰。

因他不能犯错，他家中有妻子。

爱情哪有什么道理可言，她已经失去了梦想与双腿，哪还会在乎人们口中的言论与伦理道德。

以前，男孩子们都争着将玫瑰花递到她手中。如今，她决意要抢夺别人手中的玫瑰。

面对他的躲避与冷落，她在一次例行检查后，指控他侵犯了自己。身为弱者，往往会受到人们的同情。当消息传遍那座小岛后，他不可避免地遭到人们的指责，咒骂，甚至是殴打，最终妻子也甩手而去。

转眼之间，他由德高望重的医生，变为了侵犯少女的恶棍。

平时，我们听到的故事，多半是"我喜欢过一个人，但最终我们没有在一起"。然而，这一次听来的故事是"我们在一起了，但他并不喜欢我"。

他为了保全她的名声，也为了挽回自己的信誉，最终娶她为妻。

他们相差十二岁。

婚后，他仍像医生照顾病人那样对她关怀备至，几十年如一日。

每次她坐在轮椅上弹钢琴时，都忍不住回过头去看看身后他是不是在注视自己。而每一次，她都将失望寄托在琴声之中。

留不住他的心，留住他的人也是好的。不要说她太自私，爱情本就是一种不死的占有欲望。

她就这样孤单地爱了一辈子，死死地占有着他。年老之时，她仍是处女之身。

沙拉少了一大半，她偏爱吃草莓。午后的阳光太温和，她忽然像个孩子那样哭泣起来。

丈夫听闻前妻去世，便收拾行李匆忙地去了苏黎世凭吊。

她知道他不会再回来。

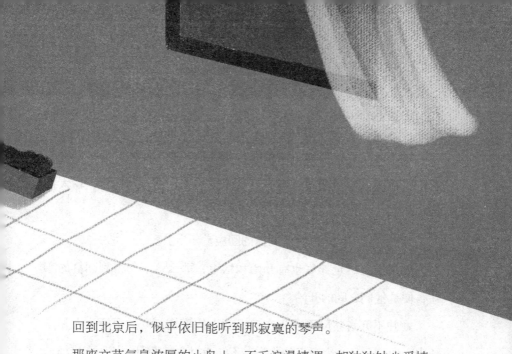

回到北京后，似乎依旧能听到那寂寞的琴声。

那座文艺气息浓厚的小岛上，不乏浪漫情调，却独独缺少爱情。

我想，以后我不会再去那里。

不要用放大镜放大自己的哀伤

关掉手机上的定位系统，他们不知道对方在哪座城市。

或许隔着天南海北，或许仅仅隔着一道水泥墙。不愿知道，也害怕知道。处在暗处，让他们觉得心安。

网络的世界，存在于现实世界之外，就像是人们精心编织的一场可控的梦境，可以假乱真，也可化真为假。以理想化的身份，在这个想象出的世界里随心所欲，未尝不是一件诱人的事情。

一年之前的一个深夜，她的男友因为一点不值得说的小事摔门而去，已经是那个星期中的第三次。

她不再像先前那样，穿着拖鞋，慌张地追下楼去。她只是拿起手机，在微信中随便搜寻到一个名为浩的人。点开对话框，输入打招呼的字句。

几秒钟过后，对方给予同样的回应。

如果说网络世界里也有开始和结束，那么这一句得到回复的寒暄，便是他们之间的开始。

她并不介意将刚刚发生在自己身上的事情，向这个陌生人和盘托出。他们只是一个虚无的代号，不知道对方在哪里，长什么模样，做什么工作，即便有一天在拥挤的地铁相遇，他们也不会认出彼此。

在闲聊中，时间过得很快。期间，她放下手机，给自己冲了一杯速溶咖啡，望了望窗外，盘算着男友回来的时间。喝完咖啡之后，她又蜷缩到沙发里，继续与他聊天。

她看到对话框里出现这样的问题：你是否喜欢痛仰乐队？那一刻，她忽然觉得这个未曾谋面的人，应该就在附近，或者说离自己的心很近。

她回答：新出的专辑《愿爱无忧》已多次在电脑中循环播放。

之后，在广大的沼泽般的空间里，他们有些荒谬地由痛仰乐队谈及彼此的信仰。这样的话题，他们绝不可能在白天触及，以免被周围的人或是自己耻笑。

夜晚深不见底，毕竟有星子的微光。白天的阳光太过刺眼，人们不得不想办法隐藏。

在暗处，她坦白地向对方写出自己的信仰：愿爱无忧。

还未来得及看到对方的回复，男友便带着冬日的寒气走进屋内。她放下手机，不由分说地扑进他的怀中。吊着的一颗心，猛地掉回胸腔里。

即便拥有的爱情是泥沙俱下的旋涡，她也愿意在其中寻得片刻温存与暖意。

她与男友都太倔强，每次争吵起来，都是声嘶力竭，绝不先低头认错。吵得声音发哑，筋疲力尽时，便各自倒在沙发一头睡去。醒来后，或是冷战，或是接着争吵。

可他们清楚，对方已是自己身体的一部分，除非割去扔掉，否则谁也离不开谁。

爱情渗透到心里，再任性也会为对方停下脚步。

并不是没有融洽的时刻，温度一点点降低时，他也会在下班后走进商场，为她买厚厚的针织围巾和帽子。在她生日的时候，他亲自在厨房里站三个小时，为她烘焙草莓奶油蛋糕。

但身体里流动着的乖戾血液，时常让他们毫无缘由地扭打起来。

每当那时，她总会打开微信，点击浩的头像。

他们聊天的频率，随着她与男友争吵的频率而定。有时只隔一天，有时隔五六天。他从来不问期间发生的事情，而她也从不需要解释。

这只是一场虚拟的网络游戏，如若符合期许，游戏则可继续下去。如若违背其中的规则，游戏只能终结。

他们聊天的内容，全凭兴致。透过错综复杂的网络，她告诉对方，在和男友的争执中，男友曾失控般将她锁进卫生间，任凭自己大喊大叫，用力砸门都无济于事。使劲浑身力气后，她渐渐地感到疲倦，竟在冰凉的地板上睡着。直到凌晨两点钟，男友才打开门，将已经发高烧的自己抱到床上。

对方没有任何安慰，只说爱情是种辛苦的事情，爱上别人的人注定要受累。所以，他喜欢很多人，但从不与任何人确立关系。有一次，他在公交车上看到一个面貌清秀但穿着黑色机车靴的女孩儿，便跟着她下车，换车，再下车，再换车，直到看着她走进一栋住宅区后，他才原路返回。那一次尾随，他用了四个小时，回到家中，脸被冻得发紫。

有时，他们什么也不说，只是在对话框中输入大段大段痛仰乐队的歌词。与其说是在向对方倾诉，倒不如说是在与自己的心灵对话。

他们都属于黑夜的寂寞兽类，只要有人陪着说话，便心存感激。

他们无所不说，甚至某个深夜她问道，有一天他们会不会爱上彼此。

在问出之后，她发现自己竟有些紧张，还未等到他的回复，她便断开 wi-fi，退出微信。不知做什么时，她索性找来一部影片，硬着头皮看下去。看到一半，她忍不住内心的激荡，又打开微信。

"或许。"她得到这样的答案。

说不上忧喜，只觉得这个回复让自己格外舒服。没有轻易许诺，也不至于让人太过绝望。纵然轻浮了一些，最终究算是坦白的。

可是，她忘了，微渺的希望，是一剂毒药，让人追求不得，放弃不甘。

就这样断断续续聊了一年。她和男友在一次次大打出手后，终感到无望与疲倦。

刚刚分手的那一个月中，她没有上微信。白天上班，晚上蜷缩在被窝里捧着 iPad 看电影。长时间的失眠，使她脸上的皮肤变得蜡黄。

萨拉马戈在《诗人雷伊斯逝世的那一年》中写道："如果生命还有最后一小时，我愿意用来换取一杯咖啡。"

如若生命还有最后一小时，她想煲一锅粥给爱人。

但，她已经失去了爱人，而她的生命还很长。

一个月后，她打开微信，看到浩连续发来二十三条：你在干什么？

她感受到他的焦急。

输入：我与男友分手了。

一刻钟之后，他说周末要去长沙出差，问她要不要见面。她想起之前自己问他，他们有没有可能爱上对方。既然他回答"或许"，那么她愿意尝试。

在火车站，他们很自然地认出对方。省去寒暄，他们默契地坐进出租车。

在酒店的房间里，他静默着脱下上衣，她看到他的右肩上文着一个"心"字。右肩距离胸膛的心脏太远，刻出这个字时，他应该没有感受到太大的疼痛。

他曾说过不会与任何人确立关系，她应该也不会是例外。

一夜狂风暴雨般的喧嚣过后，她在深不见底的黑暗中沉沉睡去。醒来之后，已是上午九点，阳光透过窗帘，细微地铺在地板上。

他早已离去，她又变成了一个人。恍惚中，她并不记得他的样子，只记得他右肩上的"心"字，以及他身上清淡的古龙香水味道。

在回自己城市的路上，耳机里传来那首《愿爱无忧》：

怀疑 蒙胧的双眼

怀疑 心醉的誓言

这奇怪的见面 拜拜说再见

再见分别 又想昨天

愿爱无忧，可爱情怎会无忧。若真要如此，想必也失了刻骨铭心的韵味。

打开微信，她决绝地将他删掉。她没有告诉他，她也有文身，只不过没有文在身上，而是文在了心里。

别用互相亏欠的方式，承受藕断丝连的痛楚

有一年，宿舍的人收到一大捧玫瑰，深红色，滴着晶莹的水珠。

在我们的注目下，水珠蒸发，叶子枯萎，花瓣色泽暗淡下来。

我们第一次体会到无常。

她觉得可惜，开始把花瓣一片片摘下来，浸泡在盆中，放在阴凉里，希冀以此延长玫瑰的花期与寿命。

几天之后，她还是倒掉了那盆水。盛放着玫瑰的花盆，连一丝香味都没有留下。

他们最终分开了，说不出其中的缘故，像是玫瑰注定要凋落一样，自然到可怕。倒是彼此留在对方身上的欢欣与感动，连带着眼泪和疼痛，时时前来骚扰，像是岁月的沉香屑，不管何时点燃，就会熏染出挥散不去的惆怅。

只能说，他们都做不到原谅。不原谅对方，不原谅自己，要用折磨来纪念那段回不去的情。

　　坐在漆黑的电影院里看《匆匆那年》，不为那带着煽情成分的剧情，只为好好听听王菲的那首同名歌曲。

　　说实话，旋律并不是我喜欢的，对我而言稍稍快了一些。但旋律响起时，我还是像第一次听到时，眼泪肆意横流。

　　多狠多要命的歌词啊，每一句都像刀片，划在心上，有着淋漓尽致的疼痛快感。

　　如果再见不能红着眼，是否还能红着脸。就像那年匆促，刻下永远一起那样美丽的谣言。如果过去还值得眷恋，别太快冰释前嫌。谁甘心就这样，彼此无挂也无牵。

　　我们要互相亏欠，我们要藕断丝连。

　　疼痛，是唯一爱过的印记。我怕太快忘记爱情是什么，所以我不能太快忘记你。离别不是终结，不能做你的爱人，也做你深夜的梦魇，就算与你的幸福为敌，就算与我的全世界为敌。

　　就这样，希望和绝望同时在心中决绝地燃烧着。

或许，等一切都成灰后，才有可能重新开辟另一块领地。但在这之间，必得要用互相亏欠的方式，承受藕断丝连的痛楚感。

有段时间频频请假，提着简易的行李坐进国际航班。机舱里的人有着不同肤色，说着不同的语言，累时做着各色的梦。十几小时的航程，足够翻完一本薄薄的书。

拧开头顶的灯，借着微茫的光读大学时就读过的《呼啸山庄》，仍旧为希斯克利夫报复式的爱感到战栗。

初次被带到一个富足的家庭，并受到主人貌美的女儿凯瑟琳的喜爱，希斯克利夫开始相信沙漠中伫立着城堡，而自己就是城堡的主人。

的确，得到爱时，看在眼里的世界都是完美的，即便稍有瑕疵，也会视而不见。

于是，他把那里真正当成自己的家，将自己的青春，自己的自由，自己灵魂深处的光芒，一点不剩地交给心爱的女人。想必如若对方要他交出自己的心，他也丝毫不迟疑。

他是一无所有的，却急着要交付全

部。所以，当他用尽全力而只得到所爱之人的遗弃时，他只能带着满身的伤痕离开。

让疼痛如细水长流，是他离开后唯一的信仰，如此才能有勇气以王者的身份再次走进那座城堡，就算不能占据她的爱，也要占据她的恨。

他没有给自己留下任何后悔的时间。

曾经爱过的人，像墙角那把常年被风雨淋着的椅子。对待它最好的方式，莫过于让它随着岁月斑驳，直至它成为一堆碎屑。

可有人偏偏将其当作休憩的地方，时不时就去倚靠。那吱呀吱呀的声响，是回忆发出的疼痛信号，也是自己内心深处的呻吟。

何必呢？一边疼，一边心甘情愿的人总是回答说，以此证明还爱着，还活着。

所以，希斯克利夫要以胜利者的姿态大摇大摆地回来，买下那座盛放着他年少爱情的城堡，娶凯瑟琳丈夫的妹妹为妻，并在天天碰面中逼迫凯瑟琳回忆过往。

这期间，痛苦缠身，也格外快慰。爱和恨同样强烈。

聂鲁达的诗写得洞彻人心："我从事的斗争是多么艰苦，每当我用疲惫的眼睛回顾时，常常会看到，世界并没有天翻地覆。"之所以觉得世界没有天翻地覆，只因自己也已上下颠倒。

凯瑟琳终于在爱情的折磨中死去，而希斯克利夫独守着这座城堡，在哀悼亡人和期待死亡中挨过了二十多年。

一个严冬，他跟随凯瑟琳的幽灵，来到他们最初相见的地方，得以重逢。

快要抵达目的地时，翻到最后一页。

And wondered how anyone could ever imagine unquiet slumbers for the sleepers in that quiet earth.

谁能想象，那在平静的土地上的长眠者，竟会有不平静的睡眠。

忽然间，我想起大学时宿舍女友收到的那捧最终凋谢的玫瑰。

彼此较劲和挣扎过后，他们两败俱伤。本想用藕断丝连来挽回些什么，却只收获了万劫不复的孤独。就连那些共同拥有过的浪漫镜头，都成了致命的利器，抛给对方后，又被反弹回来。如此轮回，永无尽头。

想来，年轻时桀骜不驯，心间之爱总是一半纯白，一半阴影。所以，爱时全心全意，无力挽回爱时，也有足够的能量摧毁自己与对方的世界。

安妮宝贝说：没有什么东西是不可替代的。除了时间。在时间里面，玫瑰和心的苍老，是无可挽回的。

就是这样的。

最终，他们没能挽回什么，折磨得筋疲力尽后，终于各自回归各自的生活。

那一趟旅程，很是散漫。北京正值白雪覆盖一切的寒冬，而我的旅行地是炎热的夏季。

街上赤着胳膊的女孩儿一手拿着冰激凌，一手紧紧地拽着男孩儿的手。

我不禁笑起来，执拗的爱情，适用于任何年轻的情侣。

与全世界为敌，只为取悦你。

不打搅，是我最后的温柔

他们深爱着彼此，但他们不是彼此的配偶，也不是彼此的情人。

这一段长达二十多年的感情，夹杂着酸楚、苦涩、忍耐、克制，以及数不清的欲罢不能。

童年时留下的伤疤，时常像梦魇一样，无论如何也挥散不去。那时，如若有人前来嘘寒问暖，替你擦去脸上的眼泪，拭去心上的伤痕，即便这份温情再平淡如清水，在你的记忆中，也浓烈如火焰。

惠和母亲一起搬来宋家那一年，她刚满七岁。

小小年纪便饱受世人冷眼，知晓冷暖自知，明白做人最要紧的是与任何人拉开一段距离，将少有的欢愉和不计其数的怨怒嚼烂了咽到心里。

母亲稍有姿色，做着安稳的宋太太，似乎早已将前一段拳脚相加的婚姻忘得一干二净。惠不禁羡慕起母亲来，她清楚自己最大的缺点便是无法像母亲那样做到随遇而安。宋家待她不薄，穿名贵的限量版衣服，睡精装过的公主房间，请来家庭教师补落下的功课。不仅在外人眼中，就连她有时也会误认为自己是宋家的亲生女儿。

外壳终究是借来的，惠的里子仍像破棉袄一样，挡不住寒风与暴雨。

母亲和贵妇们忙着打牌，继父忙着做生意，佣人们忙着准备下午茶。每个人都有自己的营生，忙忙碌碌，脸上的笑都是贴上去似的，却也不知道寂寞是什么滋味。

惠一个人躲在自己的房间中，在作业本上胡乱涂鸦。每当这时，时间总是较劲一般走得格外慢。虽说早已习惯独处的凄凉，她仍是希望有人推门而进，哪怕是虚情假意地关心也好，但她又害怕来的人太聒噪，更让自己心烦意乱。

就这样一边期待着，一边担忧着，一晃就是一年。在这一年中，母亲早已跻身于上流阶层，将从前那股穷酸痕迹抹得干干净净。

而惠除却长高一点，没有任何变化。如今，她什么都有，但这些并不是她想要的。她的内心从未解冻。

有一天，母亲撒着气收拾行李，说要到罗马游玩，只因继父执意领回他和前妻生的儿子。大人们用占有消除内心的恐惧，得不到时，便选择逃避。

母亲走后第二天，继父便将男孩儿领到家中。

惠怯怯地站在门边，看着继父殷勤地给他剥糖，剥橘子，心中只觉羡慕。男孩儿始终低着头，沉默寡言。惠心里想着，或许他也感觉自己像是一件货物，一会儿被人们寄存在此处，一会儿又被人们扔到彼处。

男孩儿抬起头，看到惠站在门边，不由自主地蹭下高椅，牵着她走到桌旁，将剥开的橘子递到她手中。

继父随即笑了起来。到底是哥哥，以后两个人正好做伴。

一个人的天气，晴时也觉在落雨。有了人陪，雨天也是好天气。

自此之后，惠很少一个人躲在房间里涂鸦。更多的时候，她追在哥哥的身后，大声叫他的名字，宋—子—昊，故意将声音拉得很长，连名带姓地喊出，跑得满身大汗，气喘吁吁。

捉迷藏的游戏不知玩了多少次，惠仍乐此不疲。她享受在追寻过程中，内心浮起的焦急、慌乱、恐惧，甚至是饥渴。在找到的那一刻，内心升起巨大的认定与暖流，连自己都被震撼。

母亲从罗马回来后，脸上的愠色并未消减，但也不敢太放肆。说得直白些，她也算是寄居在宋家的客人，生活得好与坏，全凭主人的心情。如若忤逆主人的决定，也只得重新流落街头。因而，母亲只把这个男孩儿当作透明人，自己仍穿得光鲜亮丽，和富太太们打牌。

粗心大意的母亲，只顾自己的安危，全然未觉察到惠眼中闪烁的亮光。

冷暖自知，所有的幸福，都要自己踮着脚伸手去够。

十四岁那一年，她第一次来例假，雪纺裙上染满红色的印迹。放学后，男孩子们跟在她身后起哄，宋子昊脱下自己的外衣，披到她身上。而后他转过身，与闹事的同学厮打起来。

最终，宋子昊被打得鼻青脸肿，还冲着惠嬉皮笑脸，惠像从前那样受到委屈后，便扑到他的怀里，将眼泪与鼻涕通通抹到他身上。

然而，这一次，两个人身体刚刚接触时，忽然尴尬起来。在不知不觉中，惠的身体已渐渐生出曲线。他们都长成了大人，不再是少不更事的孩子。

惠披着他的外衣，他肿着脸，两个人一起沉默着朝家走去。吃不下晚饭，两个人便走进各自的房间。

房间是相邻的，睡觉时从不上锁。一个人小声呼唤一下，另一个人便穿着睡衣走过去。玩得累时，胡乱一趴就睡过去。

如今，他们都开始上锁。只是，门锁上了，心却想要猖狂地穿过墙壁。

日子仍然继续向前挪动着，母亲的牌局永远不散，继父很少回来，佣人们只管干好自己的差事，无暇关注人们的喜怒哀乐。他们一连多日不说话，眼神撞到一起，慌忙地躲开。原来，这才是真正的捉迷藏游戏。一人故意躲起来，看着追寻的人，慌张地寻找。

惠的记忆力太好，宋子昊第一次给她剥橘子的场景，像是一个诅咒，一种蛊惑。遗忘太难太辛苦，她情愿永远记着。

生日那天，正巧碰上周末，同学们拿着礼物来到家中参加Party，闹到深夜才离去。

她独自在屋中拆礼物，无非是些卡片、磁盘、音乐盒之类。她想要的并不是这些，意兴阑珊地将其推到一边，和衣躺在床上。

快要迷迷糊糊睡着时，忽听到一阵敲门声。她猛地坐起来，知道不会是别人。

果然，宋子昊站在门外。他们僵在门边许久，他终于从背后拿出一个长方形盒子递给她，然后转身走回自己的房间。

惠剪断盒子的丝带，看到里面是一件内衣，粉红色，缀着蕾丝边。

她很自然地想起一首插曲："说什么王权富贵，怕什么戒律清规，只愿天长地久，与我意中人儿紧相随。爱恋伊，爱恋伊，愿今生常相随。"

没有敲门，惠便走进他的房间，然后将门反锁。

她褪下睡衣，里面穿着的正是他送给自己的内衣。颤抖着一步步趋向他，直至走进他的怀中。他顺手拿起自己的睡衣，披在她身上。

她极力压着声音，说他们没有任何血缘关系。他第一次哭了。的确，他们不是亲兄妹，但现在他们是同一个父亲，同一个母亲。

做过最放肆的事情，也不过是睁着眼睛相拥到天亮。

爱是忍耐。

他执意转学，去了寄宿学校，一学期回来一次。每到她生日时，他总会寄东西回来。十五岁生日时，收到一条过膝长裙。十六岁生日时，收到一双短靴。十七岁生日时，收到一条手工手链。十八岁生日时，收到一支口红。

她十九岁生日时，宋子昊将女朋友领到家中。

她连自己的心意都控制不了，又怎能去掌控别人。她能做到的，也只不过是眼睁睁地看着自己的爱人牵着别人的手向家人介绍，自己却无动于衷。

很多年后，惠仍然留着他送给自己的礼物。长裙已经褪色，短靴已经穿坏，手链戴着已小，口红只剩下一个空壳。不要紧，它们仍是她小心翼翼珍存的宝藏。

宋子昊结婚搬到另一座宅子那天，她走进他曾经住过的房间。里面已经空了，只有一个日记本放在床边。

他是故意留下的。

里面密密麻麻，写满他对她的爱意。

阴了太久的天气，终于放晴了。

没有办法在一起不要紧，他们的心始终缠绕在一起。

从明天开始，做一个幸福的人

不做偏执的恋爱犀牛

王小波曾说："没有感性的天才就不会有杜拉斯《情人》那样的杰作。"

这话原是不错的，世间总需要些许感性之人，在现实之外编织出引人张望的戏剧出来。可是，过分感性，非但不能创造出流传于世的杰作，反而变为一种旁人无法理解的执拗与偏执。

说到底，偏执即是一种自我折磨。

而爱情，又何尝不是一种折磨。

廖一梅曾说："爱是折磨。对我来说，正是这种折磨有着异乎寻常的力量。"

因而，她写了《恋爱的犀牛》这部话剧。自 1999 年至今，这部话剧每隔几年便搬上舞台，经久不衰。开始，人们悟不透其中缘由，久而久之，才猛然发觉，舞台上的马路和明明，正是现实中的你和我。

《恋爱的犀牛》讲述的故事，可说是极为生活且常见的：他倾尽全力爱着她，而她不爱他，她爱的是另一个并不爱自己的他。如此而已，再无其他。

爱情，究竟是什么，值得我们甘愿做一只飞蛾，毫不犹豫地纵身扑入火海，仿佛愈是疼痛，愈能触摸到它的脉搏，感受到它所赋予自己的能量。

廖一梅坦言道："爱是自己的东西，没有什么人真正值得倾尽其所有去爱。但有了爱，可以帮助你战胜生命中的种种虚妄，以最长的触角伸向世界，伸向你自己不曾发现的内部，开启所有平时麻木的奇观，超越积年累月的倦怠，剥掉一层层世俗的老茧，把自己最柔软的部分暴露在外。"

因而，每个人都渴望着在爱中发现新的世界与新的自己，可稍不留意，便中了爱之迷魂计，爱至疯魔与偏执。

其实，爱情有理性与感性之分。

舞台上的路人甲、乙、丙都是理性的，他们的爱情都有说得出的理由。或是爱上你的帅气，或是爱上你的钱财，或是爱上你的睿智，因而我愿意像变戏法那样讨你的欢心，迎合你的喜好，包容你的坏脾气。

我爱你，这毋庸置疑。然而，这种爱如同带线的风筝，可以翱翔于天空，却得时时受道德与责任这根线的约束。

而马路与明明的爱，则是疯狂的，偏执的，匪夷所思的。他爱她，爱到分不清现实与梦境，爱到情愿为她做所有的事。在爱情中，他如同一只视力模糊的犀牛，盲目无措，嚎叫无果。他是那样无能为力地爱着她，甘愿为她放弃一切，摊开手掌却一无所有。

是的，他无法为她摘下一颗星星，无法在城池上刻下她的名字。即便他有能力为她做出这些，她也无动于衷。她是不爱他的，因而她也就不爱他为她写的诗，不爱他中奖后的钱财，不爱他热烈而疯狂的示爱。

她爱的是另一个人。

而这个人所能给予她的，只是无尽的折磨。

可是，她与马路一样，皆甘愿全盘接受。

在爱情里，明明是上了瘾的赌徒。即便注定要输，也不愿给自己留任何退路。

陈奕迅的歌确有一种残忍的温柔："被偏爱的，都有恃无恐。"因得不到所爱之人的心，又因被像他一样的傻瓜深爱着，所以明明肆无忌惮地折磨着这个不知深浅的傻瓜，同时也用自我伤害折磨着自己。

"爱上他（她），是我一生做过的最好的决定。"马路与明明都这样认为。

因而，他们如同烈士一样，有着自我鼓励与自我毁灭的悲壮。他们都按照自己的心意亦步亦趋地追寻着爱人的脚步，前方是深渊又如何，未来无路可走又如何，从决定爱的那一刻起，便决意要在偏执的深渊里坠落到底。

可是，这样的歇斯底里，苦的只是自己。

被爱的人，在折磨别人时，自己又何尝不是内疚与矛盾的？

自己有意无意的一句晚安，对他来说甚至可以媲美那满天星光。可是，第二日黎明到来时，星光全部消隐，让人恍然之间不知昨晚看到的绝美笑容，是真是假。思量之时，疼痛又加了一重。

然而，这一重疼痛，非但不能让对方望而却步，反倒让其更猛烈更勇敢地走上前来，不惜为了那一笑，放弃所有。

因而，我坐在剧场后排，看到《恋爱的犀牛》有着那样的结局，丝毫不感到意外。

马路是那样焦急地想要向明明表达自己炽热的爱意，尝试过多种方式却都以失败告终。最终，他几乎是没有任何思索便绑架了她，蒙住她的眼睛，将她放在自己的小屋中。

而后，他揭开她眼睛上的布条，在她的面前，用刀挖出了犀牛的心脏。这是他送给她的犀牛的心，可这颗心不正是自己的心吗？

自爱上明明的那一刻起，他便没有了属于自己的灵魂。他偏执而疯狂地以爱为生，得不到时，只得赔上自己的性命。

于是，他不顾她满脸的惊恐，不顾自己的疼痛，用锋利之刀对准自己的胸膛，快意而疯魔地刺进去。她失声尖叫，而他甚为满足，那一瞬，他觉得自己的爱情终于有了强有力的证明。

他的心脏骤然紧缩，跳动的频率越来越低。他用手托住那颗心，快速地用力拉出胸膛，似乎不曾感觉到疼痛，更感觉不到悲伤。

明明，这就是我的爱情。这就是我能给你的全部。

之后，警员闯入，人影纷乱，地上鲜血横流。

马路无动于衷，只是紧紧地抱着明明。

明明开始唱起歌："你是我温暖的手套，冰冷的啤酒，带着阳光味道的衬衫，日如一日的梦想。"

剧终，舞台大幕徐徐闭合。

我忽然想起杜拉斯那句话："爱之于我，不是肌肤之亲，不是一蔬一饭，它是一种不死的欲望，是疲惫生活的英雄梦想。"

寻爱路上，偏执的人，比寻常的人，更能洞彻爱的深意，可也正因为如此，他们才燃烧成灰烬。

爱得多执着，多激烈，就有多痛楚，多彻底。

在这场偏执的爱情中，你以为自己有选择权，可以爱得更深，更强烈，但自始至终你不过是决定了自己的绝路。

最好的爱，是深情而不纠缠

第一次见 Pano 时，是在清晨去往 Chateau de Savigny 的路上。

道路两旁满是待收割的农田，前方笼罩着茫茫雾气。远处教堂的钟声渐渐飘散而去，车子开得比往常任何时候都慢。我与坐在我旁侧的 Pano 攀谈起来。

他的眼窝很深，有着新西兰人特有的深褐色。按说像他这样帅气的男子，来到法国，该是陪着漂亮的女子在时尚的巴黎购物的，而他偏偏戴着忧郁的面罩，独自一人离开市区，前往那座葡萄庄园。

阳光正好，让他金黄的头发更富光泽。我们穿过清香有余的花园，随庄主来到酒窖。酒窖边的小店里，三三两两站着不同肤色的前来挑选美酒的人。看得出来，庄主是极为骄傲的，但这骄傲里又带着一份恰到好处的温和。

庄主随意说着这座葡萄庄园的历史，说到动情之处，声音会变得急迫。最后，我挑选一小瓶 Pinot Noir，包装甚为精致，细节之处有着法国人独有的优雅。

而 Pano 始终漫不经心，眼神时有疏离，几次想要开口说些什么，又生生咽下去。挣扎过后，他问庄主，可不可以去古堡顶楼参观他收藏的古董摩托车。

庄主十分爽快。

来到这里，我只想看看那些摩托车，幻想在环游法国中，忘掉一些不该记得的事情。

在回去的路上，这是他说的唯一一句话。

他抬起胳膊，倚着车窗，头轻轻地靠上去。袖口不经意间滑落下来，我看到他手腕上横贯着一条刀割的疤痕，像是爬着一条嗜血的蜥蜴。

我倒吸了一口气，但没说什么。

第二次见 Pano，是两年之后。

两年的联系并不多，多半靠 E-mail 问候。清明前夕，得知对方有意去看垦丁春浪音乐节，便相约 起去。

我从北京出发，Pano 从新西兰出发，一起抵达台北。住在同一家酒店里，隔着两个门。

他并没有太大的变化，似乎永远都是牛仔裤配着白衬衫。但明显比初见时健谈，忧郁气质也冲淡许多。

与第一次相见一样，我们都躲开辉煌璀璨的 101 大楼，逃往名不见经传的小巷中。走得倦了，就随便到一家小吃店坐下来，要一份生煎包，或是一碗旗鱼丸，再配一杯西雅图冰激凌咖啡冰沙，简直是最幸福的事情。

阳光照射进来，暖洋洋的，他高高挽起袖子，露出那道让我记忆深刻的伤疤。

敢于将伤口裸露于阳光下，意味着一切都已风轻云淡。沧桑过后，再次仰望苍穹，看见的并非璀璨的星空，而是真情划过的痕迹。

世间有这么多条路，只有一条适合自己。有些景致，只是蛊惑，并非归途。

整个下午，我们坐在那家小吃店里，哪里都没去。

Pano 的声音里听不出任何起伏，像是在讲一个与自己无关的故事。

大学暑假，他去法国尼斯港探亲。那里远离巴黎，可随时掬起一把地中海的海水。初次抵达，就被深深地吸引。城堡一样的小房子，刷成各色的墙壁。住在亲戚隔壁的那户人家，就把墙壁刷成了粉色。

有一天出门，他看到一个金发女孩儿站在墙壁旁，正修剪攀爬于其上的细根植物。

动心，竟是这么容易。只是一个未曾转过来的背影，说出来怕是让人难以相信。好在 Pano 也是英俊男子，笑起来时足以俘获少女心。

有人说得不错，凡事都要留一点余地，糖果太甜了容易腻，幸福太满了就会窒息。

可是，在恋爱中的人，总是分秒必争，恨不能黏在对方身上，哪里顾得上要为欢愉留出片刻犹豫。

两个月的假期，他们极少窝在家中，而是游览小镇里的别致街区，兴致好的时候也会坐上火车去离得并不远的摩纳哥，甚至也会去戛纳看一场经典电影。

当然，与所有悲伤的故事一样，他们免不了分离。开学日期迫近，他不得不离开。

虽然如今已经释怀，他仍想不明白，为什么她留给他的联系方式，没有一个是正确的，就连寄给她的信，都被退回来，说是没有此人。

"幸福是一段令人陶醉的休止符，这是我从 18 世纪音乐的田园挽歌中猜到的。我只能凭道听途说来谈论幸福。"一颗心沉坠后，Pano 的感觉与 E.M. 齐奥朗所说的这段话，简直一模一样。

又是一个暑假，再次来到亲戚家，粉色墙壁犹在，细根绿植更青翠，唯少了那个修剪枝蔓的女子。

亲戚不忍看到 Pano 日渐憔悴，终于厚着脸皮向并不太熟识的邻居要来了她的联系方式。

原来，她不是邻家的女儿，有着另一个名字，住在法国东南部的里昂，并非学生而是教员，且有未婚夫。

一瞬间，Pano 觉得自己滑稽到可笑。可是，他还是要去找她。说是质问也好，说是解脱也好，他必须去一趟。

爱情果然像置于高阁的瓷器，容不得一丁点儿杂质，虽好看却比想象中更脆弱。须得在烈焰之下，才能脱胎换骨。

连自己都弄不清其中的意图，他在上火车之前买了一把水果刀。大概五个小时之后，他叩响了她的家门。

一名蓄着胡子的男人开了门，两个人僵持许久，一个要关门，而另一个极力推开门。终于，她穿着睡衣走过来，想要看看发生了什么事情。

在看到 Pano 的那一刻，她嘴角的弧度，急速下垂，脸上写满惊恐。

Pano 的右手伸进裤兜，拔出水果刀时，本想刺向她的脸，却对准左手深深地划下去。

在医院中，她仍是什么都不解释，只是照顾他。

或许她也是在情不自禁中动了真情，但终究回归到现实生活中。

亦舒总结过失恋的过程，要经历痛哭流涕、形销骨立、怒不可遏，最终在时间的流逝中渐渐地遗忘。

一年的时间，她在未婚夫的温情中淡忘了那场夏天的梦境。她相信 Pano 也会遗忘，时间不会偏袒任何一个人。

过去两年的时间，Pano 不止一次参观 Chateau de Savigny 庄主收藏的摩托车，也不止一次幻想环游法国。

以为世界会天

翻地覆，终究一切无恙。

垦丁音乐节上，五月天唱着我们喜欢的歌。

我们站在人群中，随着旋律摇晃着手中的荧光棒，跟着节拍大声唱。

看到 Pano 泪流满面，我觉得无限宽慰。

告别时，他告诉我说，以前经常以受伤为由打扰她，如今再也不会。

是的，认真地爱过，不算是浪费。最后一次的温柔，他愿意去成全。

因为喜欢，所以欢喜

始终最爱宫崎骏的电影。由于内心极具排他性，看过的动漫电影始终寥寥几部，闲来无事时翻来覆去地重看。

之所以找今敏拍摄的《千年女优》来看，完全是因为朋友一再推荐。本想大略看看故事情节敷衍了事，不成想在观看影片时，竟与女主同悲同喜。偏见渐渐去除之后，情绪全部涌上来。

最后，女主千代子说："因为我喜欢追随着那个人的自己。"至此，在旁人看来极为疯魔的、贯彻了千代子一生的寻觅与追求，都被赋予了应有的价值与意义。

不止一个人说过，今敏制作的影片如梦如幻。我想，之所以这样，多半是因他有意无意地将梦幻与现实的分界线抹掉的缘故。

观看这部影片时，明明置身于现实之中，却恍然是在梦里；而影片中的人物，看似身处戏外回忆从前，却仿佛置身戏里演绎当下。现实与梦境没有明确的分界时，人物往往比我们想象中更丰盈。

所以，当少女时代的千代子遇到负伤逃难的画家时，连她自己都无法预料到，自此之后，她将穷尽一生去寻找这份甚至不曾开始的初恋。

安妮·莫洛·林德伯格写道："爱是一种力量，它并非结果，而是原因。"

因为她爱上了那个将自己撞倒的陌生人，她违抗母亲的意旨，执拗地要做一名演员，不为拍戏，只为可以跟随剧组到遥远的地方寻他。至于结果，那注定是她无法左右的。

她在爱的路上，追寻着，奔跑着，快速倒退的风景恰恰映衬着她一路飞扬的滚烫的心。在演员的历程中，她扮演过少女、公主、妓女、科学家等，背景也在战乱时代与和平时代中变换，然而无论是在戏里，抑或戏外，她始终都是那个不顾一切追寻爱人踪迹的女子。

在发了疯般的追寻中，她不是没有过退缩与畏惧。每当此时，她总会看到一个垂着满头白发，与她一样眼角有一颗痣的妖婆，毫不留情地诅咒她："你会永世遭到爱恋之火的焚烧。我恨你，同样也爱着你。"

命运之轮大张旗鼓地碾过她的身体，而她一边茫然无措，一边张开双臂去迎接。是的，这就是她的命运——永不间断追逐，永不停止去爱。

有人曾问：绝望是什么？

有人曾答：你站在屋内，爱上了苍穹上的一颗星星。

其实不是，绝望应是你因此丧失了爱的欲望与能量。

爱情，并非想象中那样浪漫。说穿了，它需要持久的热情，恒远的战斗力，永不会被时间侵蚀的忍耐力。

若不具备这些，爱情也就打了折扣，追寻也只能是半途而废。

千代子老去之时，她的影迷在深山老林中找到了她。

经由她自己将这追寻的一生讲述出来后，我们才明白，她寻觅的从来都不是那个触动她心灵的男人，而只是爱情本身。

而那个时时出来给予她恐吓的妖婆，其实就是她心中另一个自己。每个人都是爱与怀疑的综合体，千代子也不例外。

赴汤蹈火一场，不但没有与他重逢，甚至连他的样子都想不起。

遗憾吗？后悔吗？

不。她只是觉得庆幸，正是这追逐的过程，让她觉得此生未曾虚度。

爱伦·坡曾说："献给那些爱我的，并且我爱的人；献给那些正在深深体验的人，而不是那些沉思的人；献给所有梦想家和那些对梦想满怀信心，并把梦想作为唯一现实的人……"

所以，尽情去爱吧。哪怕所有的山峰都没了棱角，所有的河水开始倒流，所有的陆地都变为海洋。

所以，心无旁骛地去追寻吧，哪怕我们的交汇，只是一瞬间；哪怕你日夜兼程，却一无所获；哪怕你容颜苍老，孤寂地死去。

说到底，爱情的本质，就是一场心甘情愿的追逐。情愿蜷缩在为你羁绊的命运中，情愿为你做任何事情。

爱的世界，再残酷，也终究是美好的。那一缕温存，在指尖触到时，已成恒久。

影片结束时，我忽然想到老家那位老太。

午睡过后，她时常带着一小袋瓜子来我家和奶奶唠嗑。两个人说的都是无关紧要的话，就像那一地终会被扫走的瓜子皮。有时她们什么也不说，只是任由老式的收音机刺啦刺啦地响着，自顾自地想着自己的心事。

那时，我还幼小，尚不懂她们心中埋藏的情愫。直至十七八岁时，我有了喜欢的人，才隐约明白那种刻骨的坚持与追寻的勇气。

听母亲说，老太年轻时与本村一名男子相恋，大约半年之后，他被通知要去服兵役。他们说好，等他一回来，他们就结婚。

于是，她开始等待。一年，两年，三年。服役期已满，而他却迟迟不见踪影。她问过同去的人，才知道他在执行某次任务时，不幸牺牲。

村中与她同龄的女孩子都出嫁了，而她一颗心始终没有着落。家人不是没有逼过，终究无济于事。里尔克说得没错："歌唱被抛弃和凄惨的女人（你几乎要羡慕她们），她们可以爱得比那些满足者更为纯粹。"

既然没有见到他的尸骨，他就有活着的可能。为了这万万分之一的可能，她就这样单枪匹马地与时间较了一辈子的劲。

听说爷爷是很英俊的，且有着令人羡慕的职业——医生，人们都言奶奶好福气。可是，奶奶生下三个孩子后，却要面对爷爷的猝然离世。

还未尽情品尝爱情的暖，就要承受它的痛，这般滋味你我只能体会其中之一二。

到底是爱得足够深，所以在食不果腹的日子里，奶奶也不曾觉得意兴阑珊。长大的儿女，都是极为孝顺的，不管买什么都买两份，自家一份，奶奶一份。这足够让人欣慰。

一生未婚的老太与一生守寡的奶奶，不知何时成了交情甚深的朋友。

一地的瓜子壳，嘶哑的收音机声，并不强烈的阳光，算是对她们交情的犒赏。

与其说她们在晚年相依为命，倒不如说她们是在与爱相依为命。

刹那即永恒，不曾体会爱的人，觉得这不过是在扯谎。

而热烈追求的人，永远都记得那一秒的温暖。

等一场花开，等你向我走来

简有一个很优秀的孪生姐姐，自幼便生活在她绚丽的翅膀下，阴影重重。

不喜欢自己的人，很难感受到快乐，很难感受到周围人的关怀与爱。

母亲和邻居拉家常时，总忘不了提及大女儿成绩全优，周围的人也跟着夸赞起来，不但懂事，人也长得漂亮。姐妹俩一起上街时，姐姐总是能得到更多的回顾。在同一个班级里，姐姐也更受老师们的喜爱，收到更多的情书。

亲戚街坊都说父母好福气，有一个挑不出缺点的女儿，不愁找不到一个品学兼优，英气有为的好女婿。母亲从不将这些话当作奉承，看着愈发出落得美丽的大女儿，心中有说不出的欢喜，走在街上都觉得身上积攒着人们艳羡的目光，脚步便不自觉地轻盈起来。

简身上散发着的微光，轻易就被姐姐热烈明亮的光华掩盖掉。

自开始上幼儿园至大学毕业，她们总是形影不离，旁人也更容易将她们进行比较。十几年的岁月，她早已习惯自己身上贴着"不如姐姐"的标签。梦中的场景，也多半是自己变成了姐姐的样子，站在人群中央，自然地接受人们的称赞与夸奖。醒来后，她照照镜子，仍是眼睛比姐姐小一些，肤色比姐姐暗一些。

虽然心中充满被忽视的苦恼，简和姐姐还是相处得很融洽，一起分享着彼此的欢乐。至于偶然升起的悲伤，自卑的简自然将其掩藏在心里，而骄傲的姐姐更是对其绝口不提。

姐姐凭着姣好的样貌，以及出色的工作业绩，半年之中便破格晋升为一家跨国公司的总监。在谈判时，面对客户对创意方案以及对具体执行能力的质疑，她不卑不亢，操着没有任何口音的伦敦腔英语，一一罗列自己的观点。看到英国客户频频点头后，她又换以清澈甜美的笑容，吩咐秘书端来热腾腾的咖啡。每一次谈判，都以这样精彩的方式落下帷幕。

　　不知该描述她干练、知性，还是该形容她优雅、妩媚。或许，她真如人们所称赞的那样：完美。

　　而简不愿再在姐姐的翅膀下生存，果断地拒绝姐姐介绍她进自己所在公司工作的建议。简心里清楚，没有姐姐的对照，她独自走在人群中，也是一抹亮丽的色彩。

　　因而，她放弃自己在大学中所修的专业，在离市中心较远的地方，开了一家咖啡馆。布置小店之时，朋友送来许多较为陈旧的东西，

已经坏掉的老挂钟，褪色的布偶，落了灰尘的风铃，磕了边沿的碟子。简很用心地将它们摆设出来后，店里便充满了人情味。

"我不在家里，就在咖啡馆；不在咖啡馆，就在去咖啡馆的路上。"简已经忘了从哪里听来的这句话，只觉用在自己身上极为合适。

姐姐周末来到这里，指出很多需要改善的地方。她一边笑着，一边点头。

她仍旧是一个极其自卑，不敢放手去追求的人，但她已经开始做自己喜欢的事情。

在咖啡馆会遇见形形色色的人。

靠窗边坐着一对外国情侣，女孩儿一头金发，稍稍卷曲，婴儿一般的脸颊。男孩儿则身形高大，神情冷酷。不禁让人想起《这个杀手不太冷》中的大叔和小萝莉。

左侧角落里坐着一个高中模样的女孩儿，杯里的咖啡已经见底，她仍捧着一个本子在看。或许，那是和一个男生交换来的日记。

圆桌边坐着一家三口，小孩儿将奶油甜点抹得满脸都是。

正当简看着客人出神时，有人推门而进，找到一个空位置坐下来。店员刚要走过去，简则抢先一步，在那人对面坐下，问他可是点一杯不加糖的拿铁。

他看到坐在面前的人是已经好久不见的简，没有多想便像小时候那样将手放在她的肩上。直到店员走来，他才觉察到自己的失态。简轻笑着，对店员说，请给这位先生一杯拿铁，不加糖。

他是她的邻居，从小一起长大。更确切地说，在所有人眼中，他和简的姐姐是青梅竹马，而简不过是追随在他们身后的小尾巴。

自始至终，简都知道自己所处的位置，所以她只欣赏够得到的风景。

他与姐姐一样优秀，容貌透着一股英气，骨子里又带着体贴与温柔，成绩与简的姐姐不相上下，从一流大学毕业后，靠着家里提供的资金，开办自己的公司。

如今，双方的家里，都催着他和姐姐订婚。

简只将他藏在梦里。从落雨或是晴天猜测他的悲喜，从炎热或是寒冷感受他的冷暖，从初春或是秋末揣测他的好恶，但她站在姐姐的阴影里，看着他们嬉笑打闹，绝不向任何人泄露自己的秘密。

她不断告诉自己，生长于黑夜的恋情，藏在心里最底层才安全。

自从在咖啡馆遇见后，他几乎每天都来简的店里。简计算着他来的时间，等他推门而进，坐到那个固定的位置，她便亲自为他端上一杯不加糖的拿铁。

她不愿多想他每天都来这里的用意，她只知道自己喜欢看到他，喜欢和他面对面坐着天南海北地聊天。

两个人很默契地避开姐姐，各自说着自己的近况，或是以后的打算。当然，并不是每次谈及的话题都这么严肃，他们更乐意一起回忆过去与对方有关的事情，自己喜爱的音乐，迷上的电影。

他还是习惯时不时将自己的手搭在她的肩膀上，每当那时，她总是一半欢喜，一半难过。她知道，如若姐姐也在，他会将另一只手搭在姐姐的肩膀上。

在姐姐面前，她从来不是唯一，更不具独特性。

在任何事情上，她都是陪衬。

甚至包括爱情。

一个周末，他仍像往常那样将手搭在简的肩膀上，两个人面对面坐在咖啡厅里聊天。

姐姐推门而入，恰好看到他们。

一瞬间的讶异之后，她极有涵养地踩着高跟鞋走过去，拉过一把椅子，挨着他坐下。一边笑问他们在说什么，一边自然地主动将手搭在他的肩上。

简讪讪地站起来，为姐姐端来一杯摩卡咖啡，向他们说明自己要忙后台了，便回到柜台。

这么多年，她太清楚姐姐的性格。只要是想要的东西，就必须得到。就算是不喜欢，也得攥在手中，以证明自己的优秀。

已经做了太长时间的陪衬，再做一次又何妨。

可是，她总觉得肩膀上搭着的他的手，厚重，温暖。遥遥地看着他和姐姐谈笑风生，她心中感到揪心的疼痛，却没有勇气走过去问一句，姐姐到底喜不喜欢他，他到底喜不喜欢自己。

简从不知道在咖啡馆中，他们谈了些什么。

自此之后，他再也没有来过这里。

一年之后，姐姐在家中举办订婚宴。男方是她在香港购物时，偶遇的伦敦客户。亲戚乡邻前来赴宴，在向母亲道贺时，总不忘问站在母亲旁边的简何时结婚。

简好脾气地笑笑，看着姐姐灿烂的笑容，无限想念搭在自己肩上的手。

日子照常过着，简的咖啡馆小有名气，时常迎来回头客。

姐姐在伦敦时常寄来名牌包包和鞋子，她都放在衣橱中，从没有拿出来背上或者穿上。

自经营这家小咖啡馆后，她已经渐渐成为独立的自己。穿具有自己风格的衣服，配实用而好看的包包，配一双复古圆头鞋。

至于爱情，她愿意去等。等有一个人推门而进，要一杯不加糖的拿铁，将手搭在她的肩膀上。

她快乐起来了。

喜欢自己的人，容易感受到快乐。

往后余生，荣华是你，清贫也是你

入冬，天气骤然阴郁起来。工作忙得焦头烂额，长时间地盯着屏幕，所思所想仿佛已经不受控制。

放在手边的电话响了许久，才腾出手按下接听键。刚要说话，电话却嘟嘟几声后猛地挂断。本想拨回去，才发现原来手机已经没电而自动关机。

随手翻出充电宝，充上电后又开始忙刚刚未完的工作，转身就忘了给母亲回拨电话。心想，她定是问问周末过得怎样，天寒加衣之类的琐碎事。

也不知过了多久，电话声再次响起。不同于以往的干脆利落，母亲的声音中带着几丝犹豫，几次想要说些什么，却总是顾左右而言他。我不禁离开电脑前的座位，坐到沙发上，专心听母亲说话。

问完身体、饮食、天气，甚至上个月的出游，再没什么可问时，母亲终于问道，老姨下周要举办只限于家人在场的小型婚礼，我能不能回去。

老姨？将近六十岁的老姨，要举办婚礼？

熬了几个通宵，把领导布置的任务完成后，便向领导递交了请假条。

我得回去。虽然，我不知道我心中的忧虑多一些，还是高兴与欢愉多一些。

四五个小时的车程，感觉比平时更漫长一些。昏昏沉沉睡去，醒来后看到窗外的风景是萧瑟的灰白，雾茫茫的，让人不禁有点灰心。拿出随身带着的小铜镜，看到里面的自己，不禁吓一跳，眼睛不仅红肿，且黑眼圈比以往任何时候都重。

那时，我不得不承认，我的忧虑确实多于兴奋。

已经寡居三十多年，疼痛与寂寞早已挨过。如今已到黄昏之年，却非要去看一场绚丽的烟火，就像已经发福的身体非要穿年少时那件蓬松碎花裙，难免会惹得左邻右舍哂笑。

两桌酒席，坐下了一大家人。屋内贴着"囍"字，地板上已铺满一层瓜子碎壳。

看得出，老姨刻意打扮过。花白的头发盘在脑后，唇上涂着颜色并不深的口红，斜襟的红色旗袍似乎让她回归年轻时的风韵。

年轻时，凭着一副好脸蛋，她嫁给邻村一个家有石雕产业的男人，生活自是无忧。只是，美人如花，随风摇曳，在错综复杂的大家庭中，如若不懂得自保，只会被人攀折，兀自萎谢。尽管她用尽心思维持着这个家，但终因她没有雄厚的靠山，故不能博得婆婆的欢心，而她又太过温顺以至于软弱，故不能协助丈夫开拓事业。

一年之后生下一个女儿，领到一张离婚书。

爱情多像积木啊，不堪一击却千变万化。倾心付出，换来全盘倒塌。

自此之后，老姨就这么一个人孤独着。每一天都是一样的，追逐风景的那颗心慢慢死掉。

每次回家去看望她时，她都更老一些。

我以为我是热爱生活的，其实很长的时间里，我都丝毫不接受它与生俱来的残缺。

回过神来时，坐在老姨身旁的那个穿着西服的老年男人，正在给她夹菜。

我细细地打量着他们，没有年轻人的那种轻佻与缠绵，但举手投足间有着说不出的默契，一个人伸手，另一个马上就递过纸巾；一个人拿起汤匙，另一个人已将蘑菇三鲜汤端到眼前。不浓烈，却像遇到一个暖冬，围着一条羊毛围巾就可御寒。

那一刻，我终于信了张爱玲的话："也许爱不是热情，也不是怀念，不过是岁月，年深日久成了生活的一部分。"

生而为人，只要有生活的权利，便有追求幸福的权利。

对老姨而言，生命中最珍贵的东西，的确迟到了太久。但此刻

她脸上寸寸微笑都心花怒放，定是感激时光的美意。

幸福来得晚了，但来了就不会再走。如此看来，老姨是幸福的。

一顿饭吃下来，每个人都放了心。

世界是没有尽头的，所以生命未终结时，我们永不知晓下一刻会不会再次拿到幸福的门票。

年少时，我们都桀骜不驯，想要环游世界去寻找更远的梦。弄得一身狼狈，看到世界的疮痍，才发觉年轻的岁月不过几年，苍老是一件太容易太自然的事情。

那一刻，你忽然之间意趣索然。

可是，当你在街上看到年迈夫妇牵着手过马路时，心中又像触电般受到震撼。

是的，任何人都无法抗拒岁月的老去，头发花白，牙齿松动，腿脚不便。或许，这些并不可怕，可怕的是你已经厌倦，已经劳累，决意自生自灭。

就算情意再浓，也会转淡。

回北京的路上，不禁想起几年前在网络上传得沸沸扬扬的黄昏之恋。

瑞典学院诺贝尔文学奖评审委员马悦然，算得上是国际知名的汉学家，曾翻译过多部经典名著，也将北岛、沈从文等人的作品译介至西方。

陈文芳作为记者曾多次采访他，在交流中，彼此深为对方的学识而动心。然而，他们都已不再年轻，且年龄相差四十余岁。

墙壁斑驳时，你可以重新为它上色，令其焕然一新；也可让它在日光的暴晒与黑夜的死寂中继续褪色，直至倒塌。这一切，都取决于你自己。

八十多岁的马悦然深知岁月的吝啬，已经错过黄昏的美景，如若再自怨自艾，便会再错过夜晚漫天的星光。

恰好，四十多岁的陈文芳，以及家庭都极为开明，便答应了对方的求婚。

当外人都觉得不可思议而议论纷纷时，他们早已甩下各自的包袱，举行了低调的婚礼，朝着前方迈开步子。

不禁有人疑惑，他们的幸福生活，到底可以维持几年？

幸福哪里是能预测的呢？不过是趁着手中还有时光可挥洒，便全心全意地去追求。

多一秒，就算是赚到。

年龄越大，越是害怕变老，紧紧揪着生活的细枝末节不放。

其实哪里是害怕变老，不过是害怕幸福与日俱减。

可是，每个阶段，幸福都是存在的，只要你敢于唤它，它就会欢欣地跳出来。

让我们明目张胆地幸福

他们第一次相见，是在市医院里。

那时，他坐在病房外的椅子上，头深深地低下去，埋在两腿之间。走过他身旁的人，都听得见他小声的啜泣声。听来往的护士说，他的女友已经去世一段时间，每天他都要来这里坐上一会儿。

我和几个要好的朋友坐在离他稍远的椅子上，等着闺密笙从手术间出来。笙的父母像那个人一样，将头埋在两腿间，不发一言。

午后三点四十分，手术室的大门打开，笙被护士推着出来。我们扶着她的父母一起围上去，看到笙的脸色苍白，眼里的光有些涣散。尽管如此，我们都松了一口气，至少这项心脏移植手术成功了。

那个低声啜泣的男子还在，我们经过他身旁时，他忽然站起来，有些神经质地挤开我，去看推车上的人。那一刻，笙闭着的双眼也猛地睁开，涣散的光渐渐聚拢起来，脸上也有了神采，呼吸急促地看着对方。

我们定在原地许久，直到护士催促才推着笙回到病房。

笙在医院恢复期间，我时常来医院看她。每次都会碰上她的男友，我们天南海北地聊天，他就在一旁削水果，给桌上的花换水，有时也趁她有人陪，回家做几样她爱吃的小菜。

有时候，爱情并非浪漫，而是求得一种安稳与踏实。

经过这次浪头，笙愿意守着一个平凡的男人，安安稳稳地过一辈子。出院后，就打算筹备婚礼。生命都是从鬼门关捡回来的，她懂得珍惜与回报。至于那次从手术室里出来后的心脏狂跳，以及那个陌生男人熟悉的脸，她都打算弃之不理。

大概半年之后，我陪着笙去挑选婚纱样式。路过一家银行时，有人碰巧从里面走出。

笙忽然站住，右手放在心脏上。我极为惊慌，以为她的心脏又出了问题，拿出手机要打给她的未婚夫。而在那时，那个从银行走出的男子走到笙的面前，问她恢复得是否还好。

我恍然明白，他就是那个在医院中推开我，凑到笙眼前的男子。

后来，我们并没有去试婚纱，而是在他的邀请下，来到大厦对面的咖啡厅里。

我略有不安，却难得见笙时常红着脸笑出声来，眼神小心翼翼地黏在他身上。他亦是如此。我坐在旁侧，显得有些滑稽和多余，几次想要托词出来，都被笙紧紧地拽住。

在回去的路上，笙告诉我说，她不想急着结婚。

在喝咖啡时，虽早已料到如此，但真切听到时，我还是被深深地震撼。尽管我极力劝说，这不过是虚无缥缈的感觉，待你如公主的未婚夫才是最合适的，她仍指着自己的心脏说道：

"可是我知道心跳不会骗人。"

并不是所有的人都会有第二次生命，所以更不能浪费。

她对未婚夫与父母摊牌，告诉他们自己任性的选择。笙心底有一个缺口，凛冽的寒风肆虐地灌进来。即便未婚夫甘愿做她身边的太阳，照亮她的世界，仍无法填满她心里那个锯齿形的洞。

她的未婚夫见到那个令她心跳加速的男子后，只是简单地说，如若对笙不好，自己仍会将她抢回来。算不上示威，更像是一种决绝的表白。

笙看着他转身离开，眼泪流出来。她明白，她只是感动，不是心动。

爱情总是在破坏中，得到成全。

笙在解除婚约之后，如愿以偿地投入心爱之人的怀抱。呼呼呼，这该是爱情最美妙的旋律。

世间的快乐总是相似的。穿着高跟鞋走得累了，有人将自己背起；肚子饿了，有人端出香喷喷的饭菜；蛮不讲理时，有人先低下头来，铺好台阶；深夜被噩梦惊醒，发觉身边的人睡得正熟。

与他在一起时，笙也是这样快乐。

不知不觉，一年将要过去。他们也在双方父母的安排下，开始筹办婚礼。

王小波说："一个人只拥有此生此世是不够的，他还应该拥有诗意的世界。"对笙而言，让她心跳加速的爱情，就是另一个诗意的世界。

我置身事外，看得到她是由衷地爱着他。

婚期将近时，他只说自己要出去一天，并没有说要去哪里。

笙也没问。爱他，就得尊重他的隐私。况且笙也清楚，他是去告别一些人，一些事。

没有他的陪伴，笙便记起了我。一个电话将我召到身边，不容拒绝地要我跟着她去捐赠心脏的人家。

驱车驶出市区，大概三个多小时后，我们下高速，行进比较偏僻的村庄。道路两侧开满油菜花，散着淡淡的清香。

她在一户人家门前将车停下，叩了几下门之后，我们听到有人前来开门的脚步声。

门开的那一瞬间，我们三人都怔住。

开门的人，正是笙现在的未婚夫。

她终于明白，为何他们第一次相见，自己的心脏会跳得那样猛烈。

他爱的不是她这个人，而是她换来的那颗心。

爱情美好至极，却也脆弱不堪一击。

于是，婚礼再一次取消，他们重新变为彼此的路人甲和乙。彼此之间，没有联系。

几年之后，笙在上班时忽然晕厥。经过检查，原来是心脏机能退化，需要重新动手术。

父母将老家的房子抵押，搁下老脸转遍所有的亲戚家，凑来几十万手术费。

笙胸腔左侧又换了一颗心脏，拥有了新的生命。住院及出院之后的那段时间，那个说要将她夺回来的男子像从前那样照顾着她，但是绝口不提爱情。

他是聪明的，知道有些事勉强不来。他只是按照自己的心意，做自己喜欢做的事情。

"到处都有痛苦，而比痛苦更为持久且尖利伤人的是，到处都有抱有期待的等待。"约翰·伯格的言语，说到了笙的心里。

她的确在等待着什么，她的心已经再也没有为任何人而加速跳动过。

那是一个下雨天，笙撑着伞上台阶。忽然间，她的手不由自主地放在心房上。

呼呼呼，是爱情的声音，与几年前一样。

抬起头，笙看到他正迎面走来，黑色的伞并没有遮住他的脸。

感谢命运，让他们有机会证明彼此之间存在的爱情。

他们结婚那天，我在场。

笙自知比任何人都幸运。上天许她三次生命，而她决定将余生献给爱情。

遇见你，是我最美丽的意外

女神高圆圆结婚了，众多男人，甚至女人，在哭天抢地时，又发自肺腑地祝福她，赞叹她。搜寻了许多有关她结婚场景的视频，翻来覆去地看。

她穿着一袭婚纱与比她小五岁的赵又廷站在宣誓台上，对这个即将与她共度一生的男人说："终于等到你，还好没放弃。"

在众人的注视与见证下，被赵又廷紧紧地拥抱在怀里时，她顾不得精致的妆容，泪如雨下。那时，我觉得她比任何时候都要美丽，这种美并不是顶着明星光环的美，而是一个女人最原始最诚挚的美。那时的她，只是一个历经千山万水，终于得到爱情的幸福女人。

在遇见与自己携手一生的人的路上，她也曾热烈地去爱，去追寻。

与有家室的张亚东一见钟情，在对方离婚之后，轰轰烈烈相恋五年，却没有收到任何承诺。被伤得遍体鳞伤后，终于懂得爱情的残酷与冰凉，一颗心沉浸在黑夜中，看不到北极星的微芒。

在一段时间的潜伏之后，伤疤渐渐愈合。她又出现在银屏中，在影片中诠释剧本中设定的角色。与和她搭戏的人擦出些许火花，被记者追问时，她看着对方缄默着闭口不提，自己也只好站出来分辩，这不过是一场误会。

在那段孤独的时光中，她并不知道何时才能走出岑寂无边的黑夜。失望大于希望时，脚步便不再那样坚定。确实，受伤次数多了，也就有了犹豫与迟疑，懂得躲避迎面而来的刀剑，懂得保护自己。

直到与赵又廷一起拍摄《搜索》，在频繁的接触中，她渐渐感到自己的心在与对方的碰撞中，一点点复活。这一次，她不再刻意追求结果，而是不辜负这场美丽的邂逅，与自己心意相通的人谈一次不可复制的纯粹恋爱。

尽管媒体都不看好这对"姐弟恋"，但她已渐渐脱掉身上的铠甲，扔掉手中的盾牌，让对方一步步走进自己的心房。在这场恋爱中，她比任何时候都要自信，都要娇俏美丽，都要容光焕发，就像心中那颗种子在爱情的浇灌下，慢慢开出了明亮单纯的小花。

当传出他们在恋爱一年后已登记结婚的消息时，他们都敢于坦诚而大方地承认。

当年梁思成问林徽因为何选择自己时，林徽因只答："这个答案很长，我需要用一生回答你。"梁思成听后，再没有说什么，一颗坚硬的心也瞬间被暖热。

她曾迷失在让人疼痛的错过里，兜兜转转之后，终于等到这个情愿与自己相依为命之人，时光瞬间变得柔软。那些斑驳的往事，终究要随着日落，沉浸在深不见底的湖中，隐藏在山川的背后。

再一次笃信爱情，便是再一次善待自己与生命。

陈凯歌曾这样说《搜索》中高圆圆与赵又廷饰演的那两个角色："无论是谁饰演这两个角色，最后都会爱上对方。"因而，陈凯歌理所当然地成了他们的证婚人。

他对她说："遇到你，才算没有辜负自己。"

她对他说："终于等到你，还好没放弃。"

就这样，走过很多弯路，流过很多眼泪之后，他们借着心中那
未熄灭的微光，找到了彼此，让爱情像巨浪中的岩石那样，完
清晰地显露出来，进而缓慢地渗透到岁月中。

让我想起现在已经有两个孩子，与丈夫一起过着简单而温馨
朋友俞。

的母亲从未结过婚，那个男人给予她美丽的承诺，却没有做
担当的举动。她曾试图用一个孩子与他建立千丝万缕割不断
而他知道后反倒消失得更加彻底。

母亲的伤疤，不能给母亲任何安慰。在年复一年蹉跎的岁
亲的脾气变得越来越无常，从往时的谩骂与数落，渐渐地
了。用手，用衣架，用拖把，用碗碟，用高跟鞋。俞背上
是由暗黄变成青紫，淤血渐渐淡去时，又转为暗黄。

时，她从不哭泣或是求饶，而母亲看到她与自己一样倔强，
害。当母亲安静下来时，又会买来药水，一边落泪一边
这时，她又对母亲散发的温情无动于衷。

不是母亲的暴躁，她将自己的痛苦归结于无常的爱情。
逐渐长大的路程中，她与很多男孩子谈情，但从未与
只要有人认真，她便远远走开，摆脱对方的纠缠，自
的游戏。

高中毕业以后，她没有考上大学，但仍执意离开家，单枪匹马来到远方的城市。

母亲独自一人在家中，因再找不到出气筒，渐渐由无常变得抑郁，需要服用安眠药才能入睡。终有一日，她看不到任何希望，也找不到任何存活的意义，在一个夜晚，吞下一整瓶安眠药，再也没有醒来。

俞告诉自己，爱情是毒药，碰不得。

在简单处理完母亲的丧事后，她又回到那座喧嚣而冷漠的城市。在那里，她做过餐厅的服务员，做过酒吧的服务生，也在大学旁边的街道上摆过地摊。

当然，她还是像以前那样，与很多不明身份的男人交往。在打情骂俏中，驱赶内心呼啸着的寂寞与寒风。在真正动情之前，她总会以各种借口结束那段关系，虽然能感受到悲伤，但至少不会像母亲那样在一个男人甜蜜的谎言中沉沦下去，而后致命。

如若自己的一生就这样在与男人的周旋中安静地落下帷幕，她也并不觉得有什么遗憾。在她的观念里，本来自己就不该来到这个世界上。

可是，变幻莫测的命运，总是制造一些让人意想不到的情节，在人们措手不及的时刻，自己偷偷掩着嘴笑。

俞上了三个月的夜校，与坐在她旁边的男子熟稔起来。只是，这一次她没有那么快让对方走进自己租来的屋中，对方也没有像别人那样急着揽住她的肩膀。更多的时候，钱包并不丰腴的他们，坐在距离夜校并不远的路边摊上，就着一碗麻辣烫，说很多话。

在她工作的时候，经常收到他发来的短信。不提双方的关系，只说当时的天气，以及发生在身边的琐碎事。

她忽然觉得，自己的生活与这个人有了关联。更令自己感到恐惧的是，她开始依赖他。当夜校的课程将要结束时，她竟然因不舍故意延长与他坐在路边摊的时间，并在回去之后，长时间失眠。几次想要拨通他的电话，却不知开口说什么。其实，她自己很清楚，她想拨通的，只是自己已经停止跳动的心。

"你知道人类最大的武器是什么吗？"

"是豁出去的决心。"

俞在无眠的夜里，从微信里看到朋友分享的伊坂幸太郎写的句子。那一刻，她终于理解了母亲的执拗。

母亲花光所有勇气，为一个没有担当的男人付出了一切。然而，即便那个男人的生活中并没有为她留下任何空间与位置，即便结局如此惨淡，母亲终究是爱过的。

俞不知道自己会不会走上母亲那样孤独的道路，但她已经无法克制与忽视自己对他的爱。她决定相信爱情的存在，从一点点做起。放下自尊与骄傲，放下游戏的态度，认真地去追求，去经营。

因而，在最后一堂课结束后，她向他坦诚地说出了自己的心意。

在许久的静默之后，她正要黯然转身，却被对方拥进了怀里。

最近，喜欢上马頔的歌，那一首《傲寒》应该最切合俞的故事：

傲寒我们结婚

在稻城冰雪融化的早晨

傲寒我们结婚

在布满星辰斑斓的黄昏

傲寒我们结婚

让没发生过的梦都做完

忘掉那些过错和不被原谅的青春

第四辑

你值得过更好的生活

更好地拥有每一种曾经

那一年，七月十七岁，正值开放的年纪，热烈而妖冶。那种美，像是一种迷药，有着致命的蛊惑。黑色的瞳孔，像是不见底的深渊，让人甘愿无限沉沦下去。

而她本人，并不自知。这正是危险之处。

上海这座城，有数不尽的风情。每一个故事都像是搬上台面的戏剧，咿咿呀呀的，说不上山崩地裂，乾坤颠倒，但至少台下的人都入了戏，哭肿了眼睛。

节假日里不止一次地往上海跑，总也不腻，倒是每次都能在没去过的巷弄里听来一段故事，而后风尘仆仆地赶到虹桥，搭上回家的火车。

上一次去上海，在甜爱路那道街上，听一位头发花白的老阿姨讲了七月的情事。

不知故事的真假。她津津有味地讲着，我就兴致极高地听着。一下午的光阴，就这么窸窸窣窣地过去了。

七月的父母在出游时不幸双亡，留下她与比她大十岁的哥哥相依为命。哥哥继承了父亲的事业，在商界渐渐地崭露头角。七月有哥哥照顾着，生活亦是无忧。

然而，他们仍觉得格外孤单。七月眼角那一颗泪痣，让人恍然觉得她时时要落下泪来。

哥哥看惯了她的模样，并不觉得她的美是一种让人上瘾的毒药，但每当他带着她出入晚宴时，总有些人为她抛家弃子，使尽浑身解数追求她。

她尚且年幼，心中并无太多是非准则。哥哥专注于事业，以为为她提供丰盈的物质，便算是尽职尽责，但对她来说，这远远不够。而那些拼命追求她的人，挖空心思逗她开心，费尽心机地钻研她的喜好，轻而易举就博得她的好感。

不用打扮得花枝招展，她的身后便有一大堆男人争着献出殷勤。那些男人们的妻子或是女朋友，满怀怒气地去找她理论，可一见她的面孔，便兀自败下阵来。她的美，叫女人也无话可说。

然而，她清楚地明白，她只是喜欢他们对自己前呼后拥的样子，并不爱他们中的任何一个。

她从情爱小说里得知，真正爱上一个人时，即便他在最平凡的水果店中，那歪歪斜斜罗列的苹果，都像是一朵鲜妍的玫瑰。

这些围在她身边的人，不像是开着的玫瑰，而像是被西风吹落的残叶。

十七岁生日那天，她在家中举办了生日宴会。

敢于赴宴的女伴自然姿色不凡，灯光下尽是衣香鬓影。留声机悠悠地转着，男人们托着中意的小蛮腰慢慢地挪动着舞步。

忽然之间，七月穿着翡翠绿的露背拖尾礼服自楼梯上缓缓走下来，嘴形明明是笑着的，而眼角的那颗痣又像是永远垂着的泪珠。男人们将放在身边女人腰间的手缩回去，目不转睛地望着她。女人们则暗自懊恼着，早知不该来的。

即便如此，那一天人们还是玩得很尽兴，直到半夜才散去。而有一位穿着白色西服的男子，只喝了一杯鸡尾酒就因太过喧闹而向她致歉，独自离去。

她的情绪，第一次因一个男人有了起伏。

上海说大也不大，在上流社会找一个人，并不困难。

她知道了他的名字，也知道他有一个与他极相配的未婚妻。

又何妨？

她推却所有乱七八糟的约会，专心致志地求得他的回顾。尽管遭到拒绝，她仍是铿锵激越地朝他奔跑着。十七岁的爱情，总是有着意想不到的生命力。

爱情，从来都是甲之蜜糖，乙之砒霜。人们偏偏舍弃伸手可得的蜜糖，万死不辞地去吃砒霜，以对峙和决绝的姿态，演一场浓墨重彩的血色浪漫。

他终于肯来七月家中吃晚餐，仍穿着一身白色的西装，举手投坐在床上吸一支烟，然后走出酒吧。

　　尽管是夏天，黎明的风依旧带着一丝清凉，将她的酒意驱散。黑色长发搭在白色雪纺连衣裙上，梓已经变成另一个人。说不清哪一个才是真实的梓，是酒吧中唱着低俗讨巧歌曲的歌女，还是独自走在空寂无人的街道上的清纯女子。或许，是哪一个已经不再重要。

　　回到租住的狭窄房间，打开冰箱，胡乱地吃一些东西，拉上窗帘和衣躺在床上。

　　梦中来来回回一个场景，她在荒芜的大漠中与一个人一起奔跑着，忽然间那人消失不见，整片沙漠中只剩下自己。梓猛地坐起来，额头上惊出冷汗。转头看挂在墙上的钟，睡了不过十五分钟。

　　常常如此。两年之中，梦境的背景不断更换，雪山、深渊、海边、丘陵、山林皆出现过，而梦境的主题从未改变：被抛弃。

　　太阳升起后，温度急速地攀升，梓已经失去睡觉的欲望，便在浴室里长时间地沐浴，像是要洗掉寄存于身体中的某些顽固记忆，或是要洗掉昨晚与形形色色之人的身体接触后的污垢。不止一次晕倒在里面，而后听着哗哗的水声，迷迷糊糊醒来。

　　生命的意义是什么？她问自己。

　　是重复。

　　那么，相爱的意义又是什么？

是路过。

酒吧的服务员换了新的面孔，端着酒杯迷离地望着她的客人也与昨日不同，对旁人而言，生活充满变换，而梓拿着微薄的薪水，将那几首烂熟于心的歌翻来覆去地唱。这样也没什么不好，至少不改变，就没有再次被抛弃的危险。

在上一曲唱完，下一曲还未开始的间隙，一个大腹便便的男人将她拉到台下，告诉她说下面的歌曲他已包下，要求梓陪自己喝酒。

在酒吧中，这样的事情司空见惯。梓眼角的亮片与微笑一样灿烂，倚在那个男人的臂弯里，端起酒杯一饮而尽。是决绝壮烈的姿势，却带着三分妖娆，一仰一俯中，更将她的身段衬得玲珑撩人。那人用手将她嘴角残留的酒擦拭干净，又欢喜地递上一杯。

接连喝下五杯，梓的脸色呈现灼灼的玫红。就这样半醉半醒着，她又站回台上，握着支架上的麦克风开始唱那个人点的歌。歌声带着一丝醉意，曲调稍稍走偏，反而有了一丝麻酥之感。

台下的人们自顾自地欢闹着，全然不管台上的靡靡之音出自谁口。唯有刚刚来的那个服务生，在闲下来时，静静地瞅着她。

一首歌之后，梓转身走进卫生间，而他在仅一墙之隔的另一个卫生间里，清楚地听到她剧烈的呕吐声，以及浓重的呼吸声。当她再次回到台上时，又扭动着腰肢，甩着头发，唱起客人点的歌。

没有人注意到她的变化，除了那个将酒送到客人手中的青涩的服务生。

对一个人的好感，是从怜惜开始的。当他看穿她的坚强时，便忍不住想要去保护她。

梓换上连衣裙走出酒吧时，他忐忑地追随而出，小心翼翼地要求送她回家。

已经很久没有听到这么善意的请求，梓停下脚步，定定地看着他。他的面貌说不上英俊，但很是清秀，应该还未曾受到感情的伤害，眼神中透着坚定与赤诚。

她忽然有些心酸。两年之前，她跟随当时的男友从县城来到这座城市时，亦是清纯得不沾染一点尘埃，只愿在这里找到一份干净简单的工作，建立起两个人共同的小窝。只是，男友未能经住诱惑，在最艰难的时刻，接受了一个富家女孩儿的求爱，在女方的支援下经营起一家公司，日子过得风生水起。孤立无援的她，心灰意冷，迅速下坠，沉落在生活底层。

梓回过神来，看到眼前这个男子眉毛聚在一起，紧张地搓着双手。

在眼眶泛红之前，她冷漠地拒绝了他，转过身独自走在夏季的黎明里，留下他颓然地站在原地。

那一天，她的梦中不再是自己声嘶力竭地寻找某人的身影，而是那个青涩服务生放大的脸，带着炽热与真挚，不断地向她逼近。

梓害怕改变。

仍旧是无边无际的夜晚，灯光晃动，人影纷乱。梓穿着露脐装在台上摇曳身躯，歌声中散发着懒散诱人的味道。

那个服务生一边望着她，一边穿梭在人群中。由于心思不在工作上，手里的托盘被人一碰，酒杯便哗然倾倒在离他最近的人身上，接着便是酒杯破碎在地的声音，以及客人咒骂的声音，甚至是拿起酒瓶摔打的声音。

梓看到他满脸通红着道歉，便放下麦克风挤过人群，拿起桌边的两杯酒，笑意盈盈地伏在暴跳的人身上，邀请他喝交杯酒。她一边说着，一边用拿着酒杯的手绕过那人的臂弯。

既然酒吧中当红的歌女已经赏脸，他又何必跟一个不谙人事的服务生一般见识。交杯酒喝完后，周围的人皆鼓掌起哄，没有人看得见梓与服务生黯然的眼神。

梓明白，自己活在混沌的江湖中，而他生于广袤的天空。

不在一个世界，即便相爱亦不能相守。与其疼痛着强求，倒不如狠心地拒绝开始。

暑气日益消退，夏天将要过去。

服务生准备辞职，在秋天即将到来时，到英国留学。辞职前，他跟随她下班，递给她一张飞机票，请求她和自己一起走。

她看着那张有着自己名字的飞机票，忽然牵起他的手，向家的方向奔跑而去。

一切都是静止的、岑寂的、冰冷的，唯有身体里的血液，以及那颗怦然颤抖的心是欢快的、跳动的、温暖的。

在那个狭窄的房间里，她没有拥抱他，没有亲吻他，没有触摸他。她只是打开衣橱，从中挑选出一条洁白的雪纺长裙，折叠好，放进一个纸袋里，送给他。

这条裙子是干净的。

他们最终没有在一起。

他飞去英国，而她在那一天离开酒吧，回到了来的那个村镇，做了一个平凡的妻子。

相遇，停留，擦肩而过。缘分不够做恋人，只够做过客。

青春无价，下注请谨慎

董只想做自己，所以她与周围的人都不同。在奢华的地中海式的大床上醒来时，时常不清楚自己在哪里。拧开床头的台灯，看一眼石英钟表，不过凌晨四点。

关掉台灯，穿着绸缎睡衣，站在窗边抽一支烟，等着天空一点点变亮。脚站得麻了，便又躺回柔软的床上。困意袭上来，复又迷迷糊糊地睡去。

晴天也好，雨天也好，对董来说都是一样的。不过是夜晚失眠，做噩梦，抽烟，等天亮。白天睡觉，逛街，宴客，等养着她的男人前来。

先前，她在大学校园内，所有功课皆是 A，又凭着不俗的相貌，被冠以才女校花的名号。一个名号而已，好坏皆看在别人眼中，并不能给自己带来实际的好处。因而，对于这些她不欢欣，也不推却，只是任由人们叫去。

一年之前，她在教务处办理退学，宿舍的东西一件都没有带走，便搬到这栋别墅。她一摇铃，佣人便屈身前来，除却摘星星摘月亮的要求，其他都会得到满足。一张高等学府的文凭，或许都无法换来锦衣玉食，她要来何用？爽快地放弃时，她甚至都没有回头看看那所大学。

很长一段时间里，她在寂如死穴一样的别墅里静默，看着钟表指针麻木地一圈圈转动，记不起过去，也看不清前路，至于现在所拥有的，不过是空洞干瘪的光阴，以及多到花不完的支票。

董在清晨抽烟时，看着烟圈忽暗忽亮，不禁想起亦舒小说中的喜宝。

喜宝一直希望得到很多爱，如若不可得，便退而求其次，希望得到很多钱。如若两者皆无可得，至少她还有建康。无论处于什么样的境地，她从未气馁，始终在心里默念，自己并不匮乏。因尝过被人抛弃的滋味，她深知爱情难得，即便得到也会失去。于是，她拥着大把金钱，寂寞地躺在金屋中。

董不就是现实中的喜宝吗？本想寻得爱，却无法在虚无缥缈、波澜纵横的感情中得到片刻安稳。因而，当有人揽起自己的细腰，以寻得放荡的欢愉时，她几乎没有犹豫便跟上那人的脚步。

各取所需，互不亏欠，如此甚好。

除了赠给她一张漂亮的脸蛋，父母什么都不曾为她留下。

董十三岁时，父母离异，母亲再嫁，父亲再娶，她像一件发旧过时的货物一般，被寄存在舅舅家。所幸舅母心肠好，待董如亲生女儿。倒是董太过敏感，心中总有寄人篱下之感。看着舅舅大声呵斥调皮的表哥，而从未对自己发火，董对这个不属于自己的家更觉陌生和疏离。

好不容易挨到大学，以为可以过一种全新的生活，却惊愕地发现自己竟无法逃脱童年的阴影。周围的同学放肆地挥霍着时光，即便最终一无所有，身后也有父母殷勤地收拾烂摊子。而她只有微薄的生活费，以及漂亮的成绩。

纨绔子弟在宿舍楼下摆起心形的蜡烛，捧着花束向她求爱，她轻蔑地笑他们太过稚嫩，稳稳地坐在宿舍里写论文。清贫羞涩的男生在下课后，偷偷地递给她一封信，她明白自己要的他给不起，路

过垃圾桶时，将信随手扔进去。

三岛由纪夫在《金阁寺》中写道："用一只手去触摸永远，另一只手去触摸人生，这是不可能的。"永远太虚无，父母就是再鲜明不过的佐证，董不愿踏上这场华丽的冒险。

云端的日子容易失重，随时会掉落下来。董只想抓住现实的东西，踏在坚实的大地上。至于时刻来袭的寂寞与空虚，那是每个人都无法挥去的情绪，即便相爱的人，也不能避免。所以，董甘愿付出寂寞的代价，只要得到心中想要的。

在一个周末，董应邀去参加同学的生日宴会。

那个同学在学校里并不张扬，董认为去了之后也不过是大家坐在一起，吃一顿温馨的饭。于是，她便穿着平日里常穿的牛仔裤，配着格子衬衣，空手而去。

直到她跟随佣人穿过曲折的走廊，绕过一片花园和一个椭圆形的泳池，走进富丽堂皇的客厅才明白，这个同学家世显赫。客厅中，女人们或是穿着拖地的玫红晚礼服，或是穿着包臀的黑色绸缎小礼裙，男人们则西装里面套着白衬衣，袖口的纽扣格外讲究精致。客厅中央，摆着层层叠叠的巧克力蛋糕，旁边堆着包装华贵的礼物。

董站在门边，被人们肆无忌惮地打量着，嘲笑着。在一瞬间的恼怒之后，她依旧若无其事地穿过一道道带刺的眼光，拿起一杯鸡尾酒，坐到角落里。

这里的任何人，不会爱上她，也不会给她很多钱。她无所求，所以可以做到视若无人。

那个同学与一个男人的手交叠在一起，握着一把刀，在人们的注视下切开蛋糕。董看着她无忧的脸，生出羡慕。到底没有受过苦，因而神情里带着天真与憧憬。

董拿起音响旁边的话筒，对着喧闹的人群说要送给她一首歌。在人们还未来得及反应时，董已自顾自地唱起来。

"当岁月和美丽，已成风尘中的叹息，你感伤的眼里，有旧时泪滴。

相信爱的年纪，没能唱给你的歌曲，让我一生中常常追忆。"

对于董而言，爱情实在是一件太过奢侈的事情。她不相信爱情，所以未曾有过恋人。但她还是喜欢唱起这些已经过时的情歌，就像缅怀自己那颗已经老去的心。

人群中的喧哗声渐渐地消殒，取而代之的是一片静默，继而是由稀疏至密集的掌声。董欠身鞠躬，像来时那样穿过客厅，独自走到花园中。

阳光慵懒，那杯鸡尾酒让她有些醉意，不知不觉便在藤椅上轻睡过去。也不知过了多久，当她再次睁开眼睛时，身边多了一位上了年纪的男人。

董知晓太多的世故人情，在触到他看自己的眼神时，她已隐约看到铺在脚下的路。

是顺着走过去，抑或是转身离开，皆在她的掌握之中。

董需要这条路。

第二天，那个人让自己的司机将董接到这幢别墅中。他拿出珍藏多年的红酒为那顿午餐增添格调，并将一个珠宝盒推到她面前。她不紧不慢地用餐，而后打开盒子，取出那条镶着红宝石的项链，让他替自己戴上。

衣橱里挂满合身的貂绒皮草，价格标签还未摘掉。她的眼光落在上面，用手逐一拂过去，心中半边空荡荡，半边被填满。

午餐过后，他坐了一会儿便回公司处理事情。董站在窗边，一直看着外面那片锦园，并没有回学校。

第三天，过生日的那个同学闯进这栋别墅，将客厅里的摆设全都摔到地上。董自始至终冷静地看着，没有说话。她知道这个天真女孩儿的父亲，会重新将这个客厅装修好。

有钱就是这点好，摔碎的东西，可随时被替换掉。于她而言，没有一点损失。

她确实抓住了想要的东西，可是，她仍感寂寞。

以前出去逛街，看见旋转玻璃门后放着的珠宝，总忍不住停下来，狠狠地下定决心，以后要将它们全部买下。如今，拎着Lady Dior 包，拿着不限额度的信用卡，走在高档商业区，却没有买任何东西的欲望。

能买到的东西，已经对她失去了吸引力。

堇什么都有，但她仍觉自己一无所有。

别墅里任何角落都一尘不染，空空荡荡，透着蚀骨的凉意。距离他上一次来看她，已经一月零四天，她记得很清楚。

在与他痴缠的夜晚，她滴到他胸口的泪水，泄露了她藏在心中的秘密。

在某个没有自觉的时刻，她已经开始依赖他。不仅仅是钱，还有他身体里的温暖。她不知道这是不是爱情，但他离开后，她会轻微地想念他。

他曾经说过，她有离开的自由，但她已经没有离开的勇气与能力。

她想为这场未曾预料到的喜欢付出自由的代价。

因为喜欢，所以愿以自己的青春，祭奠他的风烛残年。

她认为这是合理的。虽然，这并不能说服自己。

爱情使人忘记时间，时间也使人忘记爱情

2012 年 6 月，已经逝世 27 年的翁美玲再度成为人们关注的焦点。她在世时的初恋男友、荷兰籍男子 Rob 也成为互联网搜索的热门人物。

三年前，他开始制作纪念翁美玲的网站，于其中加载诸多俩人在英国相恋时的珍贵旧照。任谁看来，这都是一段动人的剑桥之恋。

影迷看到网站内的故事，像是剥开一层层洋葱，逐渐看到另一个真实的翁美玲。连 Rob 自己也未曾料到，已经过去这么多年，翁美玲竟仍让影迷们念念不忘。

小的时候，每天做完作业后，便依偎着父亲看老版的《射雕英雄传》。

黄蓉刁钻古怪，由内而外透着一股调皮的灵气。翁美玲演得惟妙惟肖，一炮而红。这部电视剧因她的演出，更增添一分俏丽色彩，满足了自孩童至年迈之人的胃口。

自此之后，翁美玲声名鹊起，涉猎演唱、主持、拍戏，签约的人蜂拥而至。两年之中，她的演艺事业达到了顶峰。

大红大紫之际，她在所有人都未来得及反应的当口，自杀身亡。

为什么？

为情。

古往今来，轻生多为情。

事业如日中天又如何，得到世界又如何，没有你的爱照样得不到幸福。

在 Rob 制作的网站中，我们看到一个情愿为爱付出所有的翁美玲。

翁美玲不顾家人阻挠，执意与 Rob 交往。在相恋期间，他们在剑桥浪漫幽会，在意大利快乐游玩，有着滑稽可笑的遛狗经历，有着惊心动魄的家长见面会，也有过痛楚难言的两次分手。

Rob 坦言道，当他们的爱情受到阻挠时，她极为决绝，甚至可以以死抵抗。在与翁美玲相恋期间，他便经历过她吞食安眠药自杀的事件。

因而，当他在异国他乡听闻她自杀身亡的消息时，只是觉得悲伤，并不觉得惊讶。对于她临终前写在日历牌上的 "Darling, I love you"，他也并不希望是说给他的，只因他希望她已经走出他们感情的阴霾，拥有更为幸福的生活。

的确，她就是那种需要爱情供养的女子。离开 Rob 的世界之后，她遇见了汤镇业。

时光向来吝啬，所以缺少安全感的翁美玲，是那样迫切地爱着他。她要趁着年华正好，与牵手的人制造一些比夏阳还要温暖的记忆。

在人们心中，她是《射雕英雄传》中的主角，而在她看来，簇拥周身的荣誉与欢呼，都是配角，唯有与汤镇业的爱情，才是核心。

把一件事看得太重，往往无法善终。爱情过浓，反倒是一种灾难。爱与被爱之间，比想象中隔得更远。最悲哀莫过于我的心仍炽热如火，你早已修炼得无动于衷。

如果一定要说出缘由，或许只能归结于翁美玲的事业比汤镇业的更红火，媒体借机炒作，使得两个人之间的误会加深。

其实，哪里有什么理由。爱着你时，你的坏脾气都惹人爱怜。不爱你时，你的贤惠，你的美貌，你的机灵，你的善解人意，都成为了缺点。

在无力挽回时，她绝望地拧开了煤气灶。

爱情不存在了，寄存于世界里的生命，也就不要了。
深情即是一桩悲剧，必得以死来句读。果然没错。

谁也无法否认，Marilyn Monroe 是世界公认的性感尤物。作为全球男人的梦中情人，她的海报时常被贴于男人的床头。

但正是这样一个女人，天真得如同一个孩童，时时担心被人抛弃。"我做女人是一个失败。男人对我有那么多的期望，可是我不能够达到他们对我的期望。"这是折磨她一生的苦。

她身边永远不缺高大帅气的男人，与他们接吻时，她会俏皮地翘起小腿。她渴望得到爱情，期待获得温暖，而围绕在她身边的男人只是将她当作华丽的装饰品，玩得尽兴后便丢弃。她试图在婚姻中寻求安稳，最终不过是一场孽缘。

爱情的路走到尽头，一切都陷入长眠。

她终究选择了死亡，服过量安眠药，一丝不挂地死于洛杉矶的家中。或许，她认为另一个世界，有着她想要的幸福。

出生于莱比锡的 Clara Schumann 是 19 世纪最为重要的女性钢琴演奏家。

她拥有美貌与天赋，这样便可一生无忧了吗？不，不，这几乎是造成她悲剧人生的祸根。

父亲是优秀的钢琴老师，在他暴君般的严格指导下，她九岁公开演奏，十一岁便在维也纳巡回演出。也正是在那一年，她遇见父亲的学生 Robert Schumann。俩人相爱，也只是在电光石火般的瞬间。

尽管父亲差点要枪杀 Robert Schumann，却被两个人的执拗震撼。十年之后，他迎娶了她。

真正的战斗，在这一刻拉开序幕。

Robert Schumann 身上满是艺术气息，敏感而忧郁，一次自杀未遂后，精神渐渐地失常，最终在精神病院去世。

她没有选择随他而去，而是独自抚养着八个孩子，并继续到世界各地演奏。

掌声没有停息过，荣誉没有凋谢过，世界的大门仿佛永远为她敞开着。

而她感受不到点滴幸福。

我的幸福，与光鲜亮丽的外表无关，只关乎你在不在我身边，是不是能给我温暖。

所以，尽管 Clara Schumann 在六十年不停歇的演奏之旅中赢得了众人瞩目，但她明白自己只是一具体会不到任何欢愉的空壳。

We are man and wife, if ever two people on this earth.

在《无名的裘德》中，裘德撕心裂肺地呐喊，而他心爱的女子一步步地走出他的视线。

世上若有最后一对夫妻，那就是我们。

这是多么美的事情。可是，世界之中人来人往，我们注定要走散。

错过你，却成就了更好的自己

读《今生今世》，看一个男人在颠沛流离的岁月里，仍把心中那微小而盛大的情意一点点地铺展开来，旖旎而徘徊，辗转而流离，心中无不诧异。

江河排山倒海般朝他涌来，他都能后退一步，妥善处理自己与时代的关系，不站于人群中央，也不疏离到离群。这便是他的处世原则：淡泊清远，若即若离。

可是，他犯了一宗罪，以至于时时遭到人们的唾骂。这罪行历来有人犯，人们骂一阵也就忘记了，可他独独辜负了张爱玲，这罪行便随着岁月的增长越发严重。

胡兰成最喜点评人物，那独到的眼光，仿佛能洞察无人知晓的真相一般。张爱玲穿着人人为之侧目的奇装异服，胡兰成看了，轻描淡写地说道："她是个新来到世上的人，世人有各种身份有各种值钱的衣料，而对于她则世上的东西都还未有品级。"这番不拐弯抹角，又带着莫大诚意的夸赞，难免让人引他为知己。整个下午都躲在屋子里，面对着面天南海北地聊，也不觉得闷。

没有人再比他更懂得张爱玲，一句"临水照花人"把她的美说尽，没来由地就想许她"现世安稳"。

双鱼座的男人，心里游荡着两条鱼，一条浮在上游，鳞片上镶着太阳的微光；一条沉在下游，载着不可预知的黑暗能量。处在光亮与黑暗之间，他们永远敏感，骚动，疑心重重。所以，他们犯不得一点错。一犯错，负能量的鱼，便会不声不响地占了上风。

在爱情中，胡兰成不安分，太天真。一句"人是有欠有还，才能相逢"，就推卸了抛弃佳人的责任。

当张爱玲千里迢迢地跑去质问，他反倒带着些许无辜与凄凉，仿佛自己才是受害人。温柔地抹去佳人的眼泪，却残忍地将她送上船。安慰对方的话，其实都是在为自己开脱，却也教人觉得舒服，无奈地将双方的离异归结为感情的无常。

这是他的厉害之处。

多少女人，不求男人多深情，而愿男人专一。即便是全世界背叛了自己，只要身边的男人还在，世界依旧是明亮的。

偏偏双鱼座有着游移不定的性格，某一时某一刻倾注让人无以为报的深情，在另一时另一刻，又用绵里藏针的方式，从中抽离出来，任凭对方疼痛得死去活来，自己倒是风轻云淡。从始至终不说一句狠话，却让人痛得有声有色。

我是见识过双鱼座的温柔与残忍的。

闺密芝的男友杰是我的同事，敏感、心细，把她照顾得妥妥帖帖，恨不得将一颗扑通扑通跳的心挖出来送给她。

他并不是那种混在人群中格外出挑的男人，相处久了才知道他的好在于事事做得周到，即便是递一杯水，也得先自己试试温度，保证不能烫嘴，也不能太凉。

最初，我介绍两个人认识时，芝白了我好几眼，一顿饭吃下来，叹的气比说的话明显要多。他倒是也不恼，勤快地递着纸巾，甚至吃完饭后也不忘把她送回家。不管她委婉拒绝，还是狠心说不，他仍然用以退为进的温柔方式，获得了同意。

我独自走进冷气开得很足的地铁中，更清醒了一些，清楚地知道他们将会成为情侣。

不可否认，她是美丽的女人，一直在找与自己相配的男人。

身高要一米八以上，脸蛋要干净好看，鼻子得高挺，甚至连眼睫毛的稀密与长短都是她考量的对象。

最终，遇见温柔得没有漏洞的杰，她才发现自己需要一个懂得照顾自己的人。就像在水果店里，她看到了长相很丑的火龙果，却被它甜美的汁液打动一样。

长久的爱情，最要紧的是在对方身上有所求索。

打情骂俏三年，从不知什么是疲倦。

但生活的剧本，永远不会一直这样平静甜蜜地写下去。那是不符合常理的。世间除了不懂得悲伤的石堆，以及不动声色的山川，恐怕没有不曾感受疼痛的人。

他的父母说她只是模样俏一些，背后并没有财势以助这个平凡的男人翻身，像这样的女孩儿，满大街都是。

开始时，她对这番品评是嗤之以鼻的，天真如她，相信可以无微不至照顾她三年的男人，不会那么残忍。甚至当他坦白地告诉她，自己在父母的安排下相亲，她也认为他不过是在敷衍家里，并没有放在心上。

真是傻气幼稚的女人。

我拨通闺密的电话，问她是不是知道杰已经辞职。

她在电话里愣了好久，才说道，自己只知道他近期在相亲。

我不禁咆哮起来，真是愚蠢的傻女人。

他收拾房里的东西将要回家结婚，听说对方相貌差了一些，但她是局长的女儿，已为他在单位安排了工作，不消几年，便可熬出头。

她只是呆呆地坐在一旁，反倒是他舍不得离开，兀自先落了泪，把头埋在她胸前，肩膀一起一伏地抖动着，一副没有她就活不了的样子。

最后一顿饭，定在初次见面那里。他仍像当初一样勤快地递着纸巾，记得住她爱的每一道菜，饮料见底时又自然地续上。一切都做得天衣无缝。

他还是那样温柔，那样懂得照顾人。只是，如今看来，这样做难免太过残忍，像是一把钝刀，慢吞吞却不犹疑地一下下剁碎一个人的心。

直到最后提着大包小包地走出她的家时，他仍在口口声声地说着爱她，轻易地将责任推卸掉，而将这一切归结为自己的身不由己与孝心，让她只记得自己的好，然后在已成往事的幸福与浪漫中，有滋有味，翻来覆去地痛。

他在结婚之后很长一段时间里，仍时常给她发嘘寒问暖的短信。因为熟知她的脾性，他的短信总是能招致她的眼泪。

窦唯轻轻地唱着："也许你我时常出现在彼此梦里，可醒来后又要重新调整距离。"

梦中温柔，现实残酷。永远如此。

有一天，他发短信对她说，全家正在首尔熊城滑雪，真希望你也在。

她猛地清醒，他当初告诉自己，他的父亲为逼迫他结婚，不惜走到快速行驶的汽车前。虽保全了生命，却截断了双腿。

原来，一切都是谎言，自始至终他都是自愿的。

她换了电话号码，开始重新融入同事之中，参加各类 Party。

每当有男人端着酒杯前来搭讪时，她在笑得心花怒放时，总不忘问一句：

你是不是双鱼座？

别让恋爱将你的智商降为零

有人说，爱情是一个人的事情。

这我并不否认。可是，没有人能真正忍受噬心的寂寞。所以，我爱你，很难做到让这份爱情与你无关。说是深爱也好，说是自私也好，只要有一线希望，我就不会那么轻易成全和原谅。

一起疼痛，一起犯错，总也好过孤独地承受这份无声无息的错过。

收到一张明信片，盖章的日期显示为两个月前，地点为巴黎。正面是恢宏的巴黎歌剧院。明信片的边角稍有磨损，像是带着时光的记忆，提供某种索引。

冬风自心里呼啸而过，我想 merlin 应该快要回来了吧。她说过，等明信片寄来的时候，她应该就在午夜机场里等候飞翔，或是坠落。

而我，是不愿她回来的。我明白，在外流离一番，只为说服自己，回到这片伤痕累累的土地，她仍会回到乔的身边。虽然，她比任何人都清楚，乔很可能会在下一秒钟再次叫她滚得越远越好。

与其说，她离不开他，倒不如说她填补不了心中那个寂寞缺口。

在外企实习第一天，我端着一杯咖啡撞到了快步走来的 merlin。同事一阵唏嘘，从那之后我才知道她是公司总监，而公司的董事，是她的父亲。

她就近拿起一张纸巾，擦拭干净。看了看有些张皇失措的我，蜻蜓点水般说道，以后我就是她办公室的秘书。

永远穿着黑白色调的衣服，低低扎着马尾，妆容精致无懈可击。话极少，却字字击中要害。独来独往。

周末聚会，她穿着黑色绸缎晚礼服出现，任凭人群喧嚣，她自顾自地端着一杯鸡尾酒冷眼观看，好像这一切全然与自己无关。我在远处看着她，心想这样的女人，对珠宝店里的镶钻项链，看都懒得看一眼，却独独沾不到一点庸俗女人的幸福。

忽然之间，我不禁同情起她来。

她何其聪明，怎会不知道我眼神中隐含的怜悯。是的，她的孤独在于，害怕人看穿，又期待有人将她看穿。而我不过是一个实习生，随时可走，对她构不成任何威胁，又或许有些事情在心里沉积太久，急需倾吐出来，因而当她向我挥挥手叫我过去时，我便明白，以后我们的关系不止秘书与总监这样简单。

"感情世界里的孤独，有时候像黎明前沉寂的雪原，喧嚣都在梦里，温暖亦如此，声音落入风中，万劫不复。"这是理查德·耶茨在《十一种孤独》中所说的我最喜欢的话。

以前只是单纯喜欢，和merlin深交之后才深刻体会。

她一副不需要任何人保护的样子，习惯于每个人的言听计从。

因而，在一次例行会议上，有人
当众对她签字的策划方案坚决持反
对意见时，她心中除了恼火，更多的是惊讶。

　　乔不卑不亢，逐条分析策划方案存在的漏洞，并一一
附上自己的修改意见。她不发声地听下去，脸上面无表情。

　　会议结束，众人散去，乔将自己的策划案递上去。里面夹着
一张字条；六点二十街道对面茶餐厅见。

　　除却与众不同的广告创意，他一无所有，所以不怕赌注下得太大。
输了，没什么，太阳照常升起。赢了，就是一条通往罗马的捷径。

　　而 merlin 太冷太冰，急需温暖。哪怕她知道这温暖太过火足以
焚身，她也在所不惜。她怕错过之后，就永远寂寞。

　　于是，五点半下班后，她独自一人在办公室里等待。六点
十五时，她起身走出公司。

　　他想要的，正是她能给得起的。名下的别墅，进口的
轿车，不限额度的信用卡，另一家规模不小的公司，他
都可随心所欲享用。

　　而她，想要的只是热度，足以温暖冷了二十几年
的心就好。

　　她与父亲上次说话是半年之前，继母比自
己还小两岁，自己抓住的只能是发着幽冷

光芒的珠宝，以及凭着钱财盛气凌人地指使别人。

如今，遇见对她关怀备至的乔，她甚至没做任何思索便将自己全部交出。

三个月之后，他们手中多了一张结婚证。所有的财产上写着他一个人的名字。她乐于这么做，他也乐得接受。

那一刻，他们是相爱的。她是他的百分之百女孩儿，他是她遗失的那根肋骨。

相互的爱与彼此的需要，成就了一切，也拯救了一切。

可他们忘记了，它也能摧毁一切。

merlin 什么都没有了，她有的只是乔给予的爱情。而乔占据着主动权，攥着大把的资财，变得越来越吝啬。

他开始嫌弃她太冷，太敏感，太神经质，给他太多压力。

在她身上得不到满足时，他开始向外扩张。他有的是钱，完全可在另一栋别墅中供养一个听话的，温柔的，娇嗲的少女。

事实上，他的确这样做了。她知晓后，拿着他不限额度的信用卡驾车来到首都机场，说要永远消失。在机场，她等了又等，直到深夜人群纷纷散去，也没见他追来。

回去的路上，霓虹灯都灭了。整座城市，都盛不下她的无所适从。回到家，女佣屋内的灯都熄了，没有一个人等她。

她从不提出离婚，并不因所有的财产上都是他的名字，而是她知道他还需要她。尽管这份需要，与爱情没有一丁点关系。

他只有令人叹服的创意，却不懂如何经营好一家公司。签的合同频频出现漏洞，不消几个月公司便由于资金周转不开而濒于破产。

他和颜悦色地回到她所在的家，像初见那时摸清她的喜好，百般地讨好。

她给许久不联系的父亲打电话，请求他帮助乔。

渡过难关之后，乔又在另一所别墅里逍遥地过日子。而 merlin 半躺在双人床上，借着床头的那盏灯，读一本小说，凌晨两点过后，吃一粒安眠药，轻微地睡去。

乔的公司，一次次地出现危机。她也习惯每次求助父亲。危机排除之后，两个人又变为最熟悉的陌生人。

周而复始。一成不变。

他仍旧需要她背后的资财，而她把这份需要当作唯一的慰藉。

结婚证上的合影，时常提醒着她不是一个人。

说不上她是不是一直在犯错，但她宁愿用这种疼痛与折磨，来挽留一丝一毫的存在感。

我不知道，下一次我会收到来自哪里的明信片，她会去哪里疗伤。

而对她来说，去哪里并不重要，重要的是她总会回来承受不愿错过的代价。

没有成为你想象中的样子，也好

在喧嚣的都市中，人们衣着光鲜，仍感孤立无援。所以，要在温吞水一样的生活中，刻意地制造些刺激，好让那荡起的层层水波，震醒自己渐渐麻木的神经。

安与丈夫相识于大学，家世相当，没有经过太多波折便在毕业之后结婚生子。平日里，丈夫穿戴整齐提着公文包上班。即便公司偶有应酬，他也会在十点之前回家。安并不过问他公司里的事情，只是在家中照顾孩子，做家务，将丈夫换下的衣服熨帖平整，而后等着他回来。

在婚姻中，爱情渐渐地被琐事消磨干净。值得庆幸的是，他们已经习惯彼此陪在身旁。

是的，习惯才是两个人相处最强有力的纽带。说不上如胶似漆，但恩爱如常，也算得上相敬如宾。

如若就这样相互扶持着终老，也不失为一桩令人艳羡的婚姻，毕竟并不是每对夫妻都可举案齐眉，直到鬓发斑白。

只是，人生的剧本，很少按照人们的意志与想象安排剧情。

一天，安在家中熨烫衣服时，接到医院打来的电话。

她顾不得换上得体的衣服，就在路口拦下出租车赶到医院。到了以后，她才知道，出车祸的并不是丈夫一人，还有他出差时带着的别人的妻子。

透过玻璃窗，安看到丈夫和那个陌生的女人像夫妻那样，躺在重症隔离室中，感到钻心的疼痛。

那个女人的丈夫，也像安那样匆匆地赶来，站在玻璃窗外，无言地看着深度昏迷的妻子和那个陌生的男人。

这一场车祸，像是大雪融化后的大地，露出满目疮痍的真相。昏迷的人早已失去了知觉，不用面对这场尴尬。清醒的人，看着至亲的人编织的谎言猛然被戳穿，将自己伤得体无完肤。

对于这突如其来的一切，安只能接受，并且忍受，直到丈夫醒来，她才有机会抱怨、责备、宣泄。

阿贝尔·加缪在《西西弗神话》中写道："当对幸福的憧憬过于急切，那痛苦就在人的心灵深处升起。"

安从来不奢望在大风大浪中得到幸福，她想要的只是安稳与平凡。

为了方便照顾病人，安与昏迷女人的丈夫各自在医院附近租了一间屋子，分别住在楼上楼下。最初之时，他们迎面碰上，只是假意地寒暄两句。他们是彼此的镜子，同病相怜，看见对方就好像看见了被深深伤害的自己。

时日渐长，闲下来时，他们也会坐在病房外的椅子上，说些无关紧要的话，权当是驱散心底生出来的寂寞与悲凉。在这场没有预兆的灾难中，是他们陪着彼此度过了最为艰难黑暗的日子。他们一起面对背叛的真相，一起收拾狼藉的残骸，一起修复内心的伤痕。从敌视到熟稔，到互相信任，再到彼此依赖，仿佛水到渠成那般自然。

他们本想同仇敌忾地报复一下那对偷情的男女，却不曾料到那些玩笑话竟渐渐地变成了真切体会到的情愫。

爱情，究竟是怎么一回事，让人遍寻不到，却又在最不可思议的时刻，忽然冒出来。

安感到她的心，在情敌的丈夫面前，开始一点点复活。

病人仍在昏迷中，可能随时死去，也可能随时醒来。

安和他安置好一切后，一起走出医院。在夜空下，他们缓缓漫步，手臂轻轻地碰到之后，又迅速地远离。

以前，走到公寓楼梯时，安总会向他道别，独自上楼。而那一天，安什么也没说，只是默然地跟着他走进他的房间。

灯光有些暗，他们贴着脸颊静静地相拥。在缓缓地解开对方领扣时，安兀自落了泪。

他轻轻地叹了一声，温柔地抹去她的泪痕，为她披上大衣。

安痛恨丈夫的行为，所以，她不能成为丈夫那样的人。尽管受着欲火的燃烧，她也只能静默地与别人的丈夫保持恰当的距离。

最爱的人，最在乎的事情，终究要用最纯粹的悲伤来告别。痛得淋漓尽致，以至于再也无法忍受，只得试着松开手。

一个月之后，安的丈夫停止呼吸，那个人的妻子睁开双眼。

安躲在公寓的房间里，透过窗户长时间地看着街道上喧嚣的人群和呼啸而过的车辆。而自己爱上的人，在医院里听从医生的嘱托，悉心地照顾身体虚弱的妻子。

他们之间，又开始隔着一道无法跨越的鸿沟。寻找幸福的路途，太过曲折，太过艰险，明知道它就在对岸，却无论如何也迈不过去。如若执拗地跨越，也只能摔得粉身碎骨。

安什么都没有，她失去了丈夫，也弄丢了爱情。

第二天，安付清房租，走到医院收拾丈夫生前病床上的衣物。他看着安将衣服一件件叠好，放进带来的行李箱中，想要说些什么，却不知如何开口。窗边的妻子在药物的作用下，睡得很沉，仿佛已经不记得当初发生了什么。

确实，健忘的人，总是幸运的。那些执意将生活中的点点滴滴都堆砌在心里的人，在回味其中的欢愉欣悦时，也得承受它所赐予的剧痛。

在任何时候，一份完好的爱情只能盛下两个人，多一个人便会窒息。除却悄无声息地退出，安没有别的选择。

那一天，医院的走廊里格外冷清。行李箱的轮子滑在地上，响起巨大的回声，像是安的心底发出的嘶吼。她的身体已经干了，榨不出一滴眼泪。

手机铃声响起，安随手将其挂断。

在拦出租车时，他终于追出来，右手搭在她胳臂上，关切地问她要去哪里。

去哪里？去哪里？

安一无所有，失去了方向。她并不知道自己该去哪里。这是她的生活状态，也是她和眼前这个永远触不到的男人的爱情状态。

出租车来后，她将行李放到后备厢，然后坐到后排，便吩咐师傅开车。

安看着倒车镜里的他，越来越小，渐渐地成为模糊的一点。

一切都成了过去。

在日后的许多岁月里，安仍会想到在那间灯光暗淡的房间里，那个薄如蝉翼的拥抱，以及落下的眼泪。

没有得到也好，这样永远就不会失去。记忆如此丰盈，时光不会太过枯燥。

改变能改变的，接受不能改变的

他们的生活，在柴米油盐之内，在风花雪月之外，远离风暴中心，平静得不着一丝痕迹。

丈夫以画画为生，妻子坐在他身后的沙发里织毛衣，团线团。

他们几乎没有时间一起做同样的事情，虽生活在同一所公寓内，距离却无限遥远。一个人问话，另一个人甚至从不转过头回答。

不可否认的是，他们相爱。

习以为常的生活，最怕改变。敏感的人，总能无中生有，将脑中虚构的荒诞幻想当作事实。

平日里妻子会织一小时毛衣，在将近十点时提着篮子出去买菜，大致一个小时后归来，然后开始做午餐。而丈夫永远在画纸上构思新的画作，只有在吃饭时才休息一下。

像机器人一样，循环往复，从无任何差错。

然而，有一天，妻子提着篮筐十点钟出去，却没有在一个小时之后准时回来。直到十二点，她才提着和往日相同的蔬菜与水果走进家门。她没有解释其中的缘由，而他也没有问起。

第二日，一切又恢复到往常的样子。她十点出去，十一点回来。

可是，他再也画不出像样的画作，抓不到想要的感觉。他开始怀疑在那无故延宕的一小时中，妻子定是与某一个不曾露面的男人约会。因为，她回来的时候，脸色比平时更红润了一些。

一定是这样。一定是这样。

他从不怀疑自己的判断力。

钱锺书笔下的"围城"，道尽了有关进去与出来的狂想，墙内的人使尽浑身解数爬出来，墙外的人痴迷于伸出的一枝红杏，拼了命地要进入院内占有那妖娆春色。

可是，并不是所有的人都愿意进去或出来。或许，他们只想安于现状，死死地守在原地，不做任何改变。一旦发生改变，他们将不惜以任何方式阻止。

因为妻子一个小时的缺席，丈夫警惕起来，犹疑起来。害怕失去的隐忧，让他表面一如平常，内心却喧哗如闹市。

他想起海子的诗："你是我的，半截的诗，不许别人更改一个字。"不管这首诗写没写完，这首诗只能属于自己；不管这一生还剩多久，爱着的人只能属于自己。

平日里积累的缄默与沉寂，在那莫名消失的一小时里，以银瓶乍破水浆迸发之势，彻底爆发出来，一发不可收拾。

几天之后的清晨，妻子醒来后惊愕地发现，自己的双手被用来织毛衣的毛线紧紧捆绑着。

此时，她尚未完全失去自由，依旧能在公寓内来回走动，陪在他身边。但她不能再出去，他订了外卖。

每反抗一次，她就会被捆绑得更紧一些，用来捆绑自己的绳索也会更粗一些。于是，她干脆任由他将自己层层束缚住。

而她的妥协，并没有换来他的松绑，甚至在半个多月后，他将她死死地绑在了床上。

他扔下了画作，白天照顾她在床上的一切生活，晚上拥着满身绳索的妻子入睡。

妻子的爱情，永远只能供养他一人。他愉悦地想着。

爱情过了头，单薄得只剩下爱。

稍稍呕摸，多么让人难堪。

没错，他们是相爱的。因为只有爱，才会让人又痛又快乐，让人甘愿捆绑与被捆绑。

世间如荒原，他只想留住最后一朵属于自己的玫瑰。即便花凋叶残，至少也要烂在自己怀中。

爱，总要有些轰轰烈烈的举动，疼要疼得撕心裂肺，笑也要笑得荡气回肠，如此才能刻骨铭心。他要的不是苟免，以求安稳。他

要的是唯一与从属。

此生，就只为这份单薄得风一吹就散的爱，在这所永远反锁着的公寓里，渐渐开至荼蘼。

一辈子就这样过，他是满足的。是的，他只想将自己禁锢在爱的束缚里，除此之外，他再也想不到更强烈的爱的方式。

只是，他不曾预料到，妻子会用同样的方式来爱自己。

许多天后的早晨，他醒来之后，本想起身亲吻床榻之侧的妻子，却发现自己被紧紧地捆绑在床上，而昨天夜里还被捆绑着的妻子却不见踪影，只在枕边留下一张字条：

在那一个小时里，我只是独自一人站在门外。再见。

一人逃脱了，一人被束缚了。颠倒了顺序，仍旧死死地攥着那份单薄得可怜的爱，但他们怎么也寻不回半点安全感。

以逃亡的方式彻底离开，或许两个人都长长地舒了一口气。毕竟，他们都体味得到其中的辛苦，以及黑夜中挥之不去的梦魇。

所以，在千方百计解开绳索之后，他并没有去寻找她的下落。而她也没有再像往常那样，提着菜篮子叩响家门。

他们就这样在彼此不知道的世界里，平静地过了许多年。想念对方，却不曾想过要相见。

谁不怕再一次狭路相逢，不能幸免？

时隔许久，他开了一次画展。画作有关绳线，有关捆绑，有关挣脱，有关逃匿。

他收获了前所未有的声誉，可心中仍有个洞填不满。他看着画展内来来往往的人群，听着络绎不绝的赞扬声，想不出接下来该画些什么。

没有了爱情，就没有了疼痛。没有了疼痛，就没有了灵感。

所以，当在街上漫无目的地游荡时，猛然看到背着自己向前走的失散多年的妻子时，他几乎没有任何迟疑就追了上去。

世界太小，路太狭窄，彼此亏欠的人们，难免要相逢。

他笑着寒暄，问她这些日子过得是不是还好。

其实，他是想说，没有我，你过得好不好。

他既不想她点头，也不愿她摇头，因而看到对方只是怔怔地看着自己，他一颗心又活泛起来。

他们一起回到那所公寓中，画架、桌椅、绳索、床榻，一切都跟以前无异。

他像往常那样构思新的画作，她则织毛衣，出去买菜，做饭。

静默，沉寂。

他们都不知道生活会朝着哪个方向前进，只是凭着感觉一脚高一脚低地向前走着。也曾千百次地问自己，是不是爱情还会遭到绑架。

谁能说得准呢？连风都给不出答案。

感谢生活，让我们那样真挚地爱过

和闺密一起逛街，她忽然问我："如果再遇到曾经爱过的人，会怎样？"

沉默着擦肩而过，假笑着相互寒暄，坦然地轻轻相拥，还是炫耀当下所有以嘲弄对方当初的选择？

我想了许久，都不知道如何回答，最终只得以同样的问题反问她。

前几天，她坐在一家书店看书。靠窗的位置，阳光透过玻璃窗反射进来，时而让人产生眩晕之感。窗外是繁华的街道，陌生的人群相遇，走过。

看不进书时，她便长时间地望着匆忙的人们。有的人也会偶然转过头来，望望这家处于闹市中的书店，而后面无表情地离开。

正当她看着窗外出神时，忽然看到外面有一个人定定地站在原地，凝神望着她。

一秒钟的时间，他们认出对方。

很久之前，他们是彼此最亲的某某。

没有预料到的再相逢，在最不经意的时刻出现。她承认，那一刻她的紧张大于任何情绪。当看着对方稍有犹疑地穿过左侧那道门，走进书店时，她竟然不知所措地将手中的书翻了好几页。

他有些不自然地问她在看什么书，她僵硬地将书的封面指给他看。书店之外繁华热闹，书店之内似乎静止。等到他走后，她才模糊地想起，他曾问自己过得好不好。

他又消失在人群中，似乎刚刚的出现，只为证明如今相识，曾经相爱。

她将书放回书架中，拾起包走出书店。被人群簇拥着漫无目的地走，有水珠掉落到衣襟上，才发觉自己哭了。

并不是因为悲伤。

那被泪水浸泡着的情绪，多半出于感激。感激生命安排的这次重逢，让他们有机会看到对方已经释怀，再没有怨恨与遗憾。感激彼此，陪伴自己度过那样一段不可复制的瑰丽时光，饱满了各自的生命。感激自己，在离散的疼痛中，重塑了更完整、更好的自己，如此便可用更丰盈的翅膀拥抱未来的光阴。

假若他日相逢，不管以怎样的方式相认，我都会记起，很久很久之前，我曾那样热烈地爱过你，以青春，以生命。

值得庆幸的是，分开很久很久之后，冷漠而温柔的时间，终究将我对你的爱意腐蚀殆尽。

再次相逢，像是一场盛大的确认。确认爱情的真实，确认你我对过去的释然。说完再见，走回人群，我们依旧要在通向无限的路上，飞奔着追寻那些填充灵魂的东西。

在网上看到著名行为艺术家 Marina Abramovic 的视频，看到最后忍不住和她一起落泪。

在一家博物馆的房间中，放置着一张木桌和两把椅子。Marina 穿着拖地的红色长袍，在其中一张椅子上坐下来，而参观者则坐在她的对面，和她的眼神对视，进行交流。每周进行六天，每天对视七小时。

整个过程中，她双手较为僵硬地放在腿上，面无表情地直视对方，脸色呈现出极为诡异的苍白。坐在她对面的人，或是对着她大声喊叫，或是对着她长时间哭泣，或是幽默地向她讲笑话，甚至有人毫无顾忌地在她面前脱下身上所有的衣服，而她自始至终皆如一潭死水那般，激不起半点涟漪。

在 716 小时的行为艺术表演中，Marina 接受了一千五百个陌生人的挑战与质疑。化妆师 Paco Blanca 这般形容自己与 Marina 的对视："当你凝视她时，你感觉得到他人的存在，但你眼中再无他们，只剩下你和她，你也成了她的表演的一部分。"甚至人们自发建立起一个名为"Marina Abramovic Made Me Cry"的网站，分享、交流、探讨与之对视的体验。

谁也无法预料这场艺术表演何时才能结束。或许，它将永远不会结束。

当 Marina 又一次睁开眼睛，看到 Ulay 坐在对面的椅子上时，眼神里开始渐渐放射出光彩，而后眼圈慢慢泛红，泪水顺着脸颊流下。如雕塑般岿然不动的她，轻轻地颤动起来，垂在膝间的双手，情不自禁地伸向他。而他亦伸出双手，与她十指相扣。

他们之间不仅隔着一张木桌，也隔着二十二年的光阴。

Marina 曾说："一个艺术家不应爱上另一个艺术家。"而她爱上的 Ulay 也是一名行为艺术家。

两个人视彼此为灵魂伴侣，曾合作实施一系列与性别意义与时空观念有关的双人表演作品，尤其"关系"系列和"空间"系列有着深远影响。

只是，Marina 始终认为每个人最终皆是寂寞的，相互陪伴却不能相互取暖。于是，相爱十二年之后，他们决定分开。

那一年，他们来到中国，以奇谲而浪漫的方式，为这段感情画上句号。Marina 从渤海之滨的山海关出发，自东向西骑行，而 Ulay 自嘉峪关出发自西向东骑行。三个月之后，他们骑行了两千五百公里，在二郎山会合。

会合之后，两个人紧紧地拥抱，然后挥手道别，继续向相反的方向行去。这是他们最后一次行为艺术表演，也是他们的爱情绝响。

自此之后，两个人再没有相见，直至 Marina 举办这次"凝视"行为艺术，Ulay 以挑战者的身份出现。

"艺术家不应爱上另一个艺术家。"Marina 曾经这样说。然而，二十二年之后的再度重逢，让她从那抑制不住的眼泪中明白，艺术家的生命的养分唯有爱情。它是夜空中那颗最亮的星，值得用一生去追寻。

假若有一天相逢，我该如何面对你？

以眼泪，以沉默。

世界美好如斯，阳光席卷着整颗心脏，满树倒挂着果实，山川荡漾着山歌。爱情是唯一的遗物，怨与恨都已埋葬，我们也宣告与过去达成和解。

别让回忆湮没你的未来

我们都是爱过的，仅此而已

抽烟的女子并不少，但像堂姐那样抽得如此优雅好看的女人，极少。

每次我去她家时，她总是半倚着沙发，用修长的手指夹着一支烟，尖尖的下巴稍稍上扬，迷离着双眼，自然而然地吐出烟圈。烟雾缥缈地升腾起来，笼罩着她半张脸。

我坐在阳台的藤椅上，侧过身来远远地看着她，第一次觉得她的忧郁是那样美丽。

有时，她也会趿着一双棉绒拖鞋走到阳台上来，风让她指间的烟，燃得更快。看着被雾气笼罩的高楼，她忍不住像过来人那样感叹一句，这座城市，变化真大。

三年前，堂姐是不会抽烟的。

而三年的时间，足以让一个人从年幼无知的天真孩童，变为看透世事的沧桑女子。

很久之前，她时常对我说，她要跟别人不一样。

这话我是信的，不仅因她美得不可方物，更因她自骨子中就透出一股令人驯服的魔力。

只是我们都不曾想到，为了这份与众不同，她竟要付出如此大的代价。

　　美丽的人，从不缺乏成名的机会，关键在于会不会把握。

　　堂姐是有灵性的。当同龄人在大学毕业后，都急于找一份安稳的工作时，她则向父亲要了一笔钱，跟随一个远房亲戚去往香港。

　　那时的香港，在我们的想象中，是太过奢华的城市，遥远得不可触摸。而她则笃定，那里有她需要的金碧辉煌。

　　凭着那张魅惑人心的脸蛋，和一副魔鬼般的玲珑身段，她单枪匹马地寻觅着自己的猎物。打工一月挣来的钱，毫无疼惜地只买一身晚礼裙和一双高跟鞋。婀娜地走在彻夜通宵的 party 中，争芳斗艳的女人满怀妒忌地假装看不到她的存在，而穿着闪光西服的男人们则饶有兴致地上下打量着她。

　　她不动声色地手持鸡尾酒，任凭男人前来搭讪，不冰冷拒绝，也不过分热情。她始终是聪明的，知晓自持的女人才能钓来更大更肥的鱼。

　　"有些人知道如何利用他们的日常生活中平淡无奇的经验，使自己成为沃土。"阿兰·德波顿如是说。我想这话用在堂姐身上，再合适不过。

　　一年之后，堂姐回来了。

与她一起回来的，还有她的未婚夫。不是她所出入 party 中的任何一名花花公子，而是她去澳洲游玩时，在飞机上认识的知名设计师，公司开到世界各地，资产过亿，父母已移民澳洲。

亲戚们前来吃酒席时，都说堂姐嫁了好人家。伯伯和伯母忙里忙外，脸上挂着的笑容始终未曾熄灭过。

一阵喧嚣之后，堂姐又像风一般走了。留在我脑中的印象，是她手上那颗夺了太阳之光的钻戒，以及美丽锁骨上那串我叫不上名字的名贵项链。

如她所愿，她变成了自己想成为的样子，而后幸运地遇见了一个在外人看来无须取悦的人。她确实活在神话中，只是旁观人不知道做一个传奇女子辛不辛苦。

再过一年，我大学毕业。堂姐为我订了机票，我第一次来到香港。

下飞机后，她嫌我老土，将行李扔进后备厢后，便带着我去了铜锣湾的时代广场，衣服、鞋子、包包，只要她觉得合适的，丝毫不管上面的价格标签，通通为我买下。

回到家中，已是晚上九点。女佣前来开门，室内虽奢华至极，却有种挡不住的荒凉。

接连几日，我与堂姐都在外闲逛，或是购物，或是去做美容。回到家中，却始终不见姐夫的影子。许是看出我的疑虑，堂姐坦言，他们已经分居许久。

我不禁愕然，家中所有人都以为堂姐会一生无忧，而这终成了一个人的一厢情愿。

　　他凭着过亿的资产，爱上了一个更年轻更漂亮的女孩。作为强势的一方，他并不打算隐瞒，而是极为自然地向堂姐提出离婚。

　　卡夫卡说得没错："每个人都生活在自己背负的铁栅栏后面。"堂姐身上背负着要与众不同的信念，而在这光鲜亮丽的背后，在变为一只凤凰之前，她得忍受烈火的焚烧。不管是不是心甘情愿，她只能接受这一既定的事实。

　　像是有先见之明一样，堂姐料到会有这样一天，所以在结婚之初，她借用他的财力在时代广场开了一家 GUCCI 香水店。赢利之后，堂姐将本金全部归还于他，这家香水店也就归属在自己名下。

　　因而，当他提出离婚时，她并未做惊弓之鸟状，而是坚决说不。她是见过那个女子的，与两年前的自己一样，精致的五官，掩不住熊熊野心。她忽然觉得有些悲凉，或许自己也曾这样野蛮而不动声色地夺走过别人的幸福。

　　然而，堂姐像是铁了心般要拖着他，得到自己所喜爱的物品是那样不易，如今怎会轻易放手。就这样，她从那个更富丽堂皇的家中搬出来，独自一人住在这虽小却样样俱全的房中，切断与他的一切联系，让他遍地寻不到。

后来，他的公司出现漏洞，对手乘机打压。一夜之间，他一无所有，债主都找上门来。

时常来往的朋友一边美甲，一边劝堂姐赶紧在离婚协议书上签字，免得受牵连。

他的新欢早已悄无声息地藏入人群中，而堂姐当着他的面撕碎那张离婚协议书，而后转让香水店，低价出售自己那一栋小房子，变卖自己的首饰。虽是杯水车薪，到底是全部心意。

对所爱之人放手，并不像我们想象中那样简单。但更为艰难的是，对一个潦倒之人不离不弃。那时，我才知道，原来堂姐爱他爱得那样深。

等到他东山再起，已是一年之后。

他用力地拥着她，说着再也不分开。而堂姐拿出一张离婚协议书，要他签字。

爱过，就足够了。与众不同过，也足够了。三年的时间，经历这么多风波，她觉得倦了。

放弃一个人并不那么简单，但要不离不弃，更难。

离婚之后，堂姐在北京租了一间带阳台的屋子。

看着她娴熟地吐着烟圈，我忽然想到《似水年华》中的片段：

我们爱过吗？

爱过。

有多久？

好像是一瞬间。

然后呢？

然后是无尽的挣扎和折磨。

我们是爱过的，可也只能到此为止。那些不安分的闪着光的年华，就当作一段浮光掠影吧。

让不可能的恋爱，随风而逝

她一向欣赏有学问和风度的男人。

所以，在初中时她欣赏和蔼的数学老师，在高中时欣赏严格的班主任，在大学时欣赏广播学授课老师。如今读研，她开始欣赏授课条理清晰的教授。

下课之前，教授罗列了长长的书单，并布置与课堂内容有关的两个论文，要求学生在两周之内完成。坐在教室的同学听到后，叫苦连天，唯有她默默地记下那些阅读书目，以及论文的题目。

当同学三三两两结伴逛街时，她总是拿着笔记本，带一杯水，泡在图书馆里。有时，她穿梭在书架中，寻找记在本子上的书籍时，会碰见前来借阅书籍的教授。每当那时，她会小声地叫一声老师，教授向她点点头，叫出她的名字。在不打扰别人的情况下，他们会站在书架与书架的空隙间，交流一些学术问题。

她的心忽然就活泛起来。这个教授和别的教授不同，他从没有高高在上的姿态，懂得和学生交流。走出图书馆时，他习惯将借来的书夹在腋下，有学生和他打招呼，他便点头示意。五十多岁的年纪，两鬓的头发已经零星发白，身上的西装有些发旧，没有系领带，但依旧给人以玉树临风的感觉。

等他走远，她仍愣在原地张望。回过神来，才笑笑，自己不过是他的一个学生，而后继续在书架上寻找自己写论文需要参考的书籍。

研一将要结束时，学生需要重新选研二的课程。

她的兴趣在广播学上，而那个教授的课程是汉语言文字学。即便如此，她仍选了他的课程。

从研一开始，因为从来没有逃过课，交上去的论文也并非东拼西凑，教授很轻易地记住了她。而被他记住，也正是自己隐约想要实现的小愿望。

没有课的时候，她最喜欢泡在图书馆中，因为那是最容易制造偶遇的地方。她时常坐在椅子上，透过层层叠叠的书架，看着教授找书，看学术杂志，印讲义。

认真的男人，是最有魅力的。她越来越欣赏他。

按捺不住自己想和他说话的心情时，她便找一个问题，走过去和教授探讨。

被人需要时，往往能感受到自己的存在。因而，当她问问题时，教授从未感到疲倦与厌烦。

研二那一年，她在一个国家级期刊上发表了一篇论文，再加上成绩优秀，很轻易地便获得了八千元的国家奖学金。

请要好的同学吃过饭后，她犹豫了许久，终于将短信发送出去。短信中是小心翼翼的询问，告诉教授自己获得奖学金，想请他吃一顿饭，以表谢意。

在等待回信的过程中，她焦虑、急迫、惶恐，同时无端怨恨自己反应如此激烈。同学们经常开玩笑问她，是不是迷上了文字学的教授，她总是附和着他们，高调地点头。因她明白，愈是红涨着脸否认，这些起哄的人们愈是叫嚣得厉害。

然而，能欺骗别人，却没有办法欺骗自己。当短信铃声响起时，她甚至因为害怕被拒绝而不敢看。直至手中的那篇论文收尾后，她才打开手机。

教授没有同意一起去外面吃饭，而是邀请她周六下午到他家做客，并附上家中的详细地址。

是的，她忽然记起，教授有自己的家庭，有妻子和孩子，而自己是他许多学生中的一个。

那天下午四点钟，她搭乘地铁来到他住的小区。按了三声门铃后，教授亲自来开门。

他妻子从厨房中走出，围着溅上油渍的围裙，稍微一笑眼角便聚积起鱼尾纹。他的女儿大概比她小几岁，一脸无忧的样子。教授一边倒茶，一边说自己还有个儿子，在国外留学，一年回来一次。

很普通的一个家庭，很普通的一顿饭，她在感动的同时，忽然兴致全失，怔怔地想要落泪。

脱去教授那重身份，他只是一个平凡的丈夫和父亲。或许，唯有平凡，才更容易维系一段细水长流的感情。

大概七点钟，她起身告辞，教授连同家人挽留一阵后，她便走出门。在去往地铁的路上，有人从背后扶住她的肩膀，她回过头来，看到教授的脸，忍了许久的眼泪夺眶而出。他说第二天要做一个报告，需要回学校拿一些资料，顺便开车将她送回去。

霓虹闪烁，她坐在副驾驶座上，无声地望着窗外。反倒是教授时不时问她，今晚的饭菜是否吃得惯，老家在哪里，毕业以后有什么打算，而她只是意兴阑珊地回答。

抵达宿舍楼下后，他们握手道别。他的手强大、有力。

转眼间，她和众多同学穿着硕士服坐在学校的礼堂里，参加毕业典礼。

教授将她戴在头上的硕士帽的流苏从右边拨到左边，继而向她伸出宽大厚重的手掌，她没有接住这只手，而是拥抱了他一下，把眼泪落在他的衣襟上。

再见。

毕业后，她留在本市，进入一家广告策划公司。

在那些忙忙碌碌的日子里，她谈过几个男朋友。现实的人们总是企图在爱情中寻到某种看得见的利益，想要的太多，付出的又太少，因而感情总是无疾而终。

兜兜转转之后，在一个周末，她又来到读研时的学校。

走在校园中，似乎一切都没有变。年轻的情侣，张扬着令人羡慕的爱情。教学楼前面的树，枝繁叶茂。图书馆的台阶上，人们抱着书来来往往。

记忆中的东西，在现实中找不到了。

她快快地向学校外面走，走到教职工那栋楼时，忽然看到教授从车里走出。在他匆忙地拐进办公室之前，她奔跑起来，停在他面前，像以前那样叫了一声："老师。"

头发与心一样凌乱。

教授在原地愣了一会儿之后，终于记起她的名字。

她又哭了，像是一颗飘零的心在瞬间找到寄托。

她已经毕业，他已不再是她的老师。

在一家餐厅里，他们第一次相对而坐。

她喝了一点酒，手心与鼻尖渗出些许汗珠。趁着微醺的醉意，她摇晃着酒杯，小声地对他说出自己的心意。

她并没有什么奢望，只是想单纯地告诉他，仅此而已。

他听到后，稍稍一怔，桌上的杯子很轻微地震了一下，许久没有说话。

她叹了一口气，准备提着包结账时，他忽然拽住她的衣袖，她又安静地坐下来。

他告诉她说，大概在七八年前，他曾与自己的学生相恋。妻子知道后，并没有大哭大闹，只是给教育部写了一封信，说他的行为不适合做大学教授。在信笺未寄出之前，她将其复印一份，托人交到那个学生手中。学生看后，为了他的名誉，也为保住自己的学位，主动断绝了与他的来往。最终，那封信被妻子锁在抽屉里。

　　她问他，是否喜欢过自己。他只是说，他希望做一个平凡的丈夫，一个能教书的教授。

　　一切都很明了。

　　博瑞尔·马卡姆在《夜航西飞》中写道："如果你必须离开一个地方，你曾经住过、爱过、深埋有你所有过往的地方，无论以何种方式离开，都不要慢慢地离开，要尽你所能决绝地离开，永远不要回头，也永远不要相信过去的时光才是更好的，因为它们已经消亡。"

她走出餐厅，被四面八方涌来的寒风包围。

这一场一厢情愿，终于有了个了结。

记忆再美，终究不能取暖

"Mind the gap."

在伦敦地铁站，玛格丽特·麦科勒姆与丈夫奥斯瓦尔德·劳伦斯初次相遇时，他这样提醒她。她被这个细心的男人所打动，并与之相恋，最终两人成为令人艳羡的夫妇。

1950 年，由奥斯瓦尔德·劳伦斯录制的那一句"Mind the gap"开始在伦敦地铁北线播放。

2007 年，奥斯瓦尔德·劳伦斯因心血管疾病去世。每当思念来袭时，玛格丽特·麦科勒姆便坐在地铁站里，从那三个单词中，回忆他们在一起的时光。"我知道就算他走了，只要我想他，我随时可以走去听他的声音。"她这样说。

于是，地铁站里时常出现她的身影。然而，当地铁装上新系统后，奥斯瓦尔德·劳伦斯的声音便被新的声音所代替。自此之后，她再找不到来这里的意义。

有一天，她再次走进了地铁站。与往常所不同的是，她提着一个行李箱。正当她要迈进车厢时，那句熟悉的"Mind the gap"重又响起。那一刻，她停下脚步，眼中泪意涌动。列车员走来，告诉她，伦敦交通局在听闻他们的故事后，便决定换回奥斯瓦尔德·劳伦斯版本的"Mind the gap"。她感动地向他道谢。

　　列车员问她，是否还是决定要走。她笑着回答，是的。

　　丈夫去世已成事实，她总不能永远停留在原地，停留在悲伤的惯性里。

　　这个真实的故事，后来被拍成金士顿的广告片，名为《记忆月台》。

　　当看到玛格丽特·麦科勒姆提着行李箱，走进车厢时，我竟掉下泪来。这个打算守着回忆度过余生的老奶奶，终于决定开始过属于自己的生活了。

　　伍尔夫在给丈夫的遗书中写道："让我们记住共同的岁月。记住爱，记住时光。"然而，记住并不意味着只是活在回忆中。

　　况且，在多半情境之下，记忆并不可靠。它总会在某种程度上被美化，或被歪曲，以夸大当初的美好，当下的寂寥。

　　与其在回忆的旋涡里挣扎、沉沦，倒不如收拾微薄的行李，重新踏上一条路。带着回忆去看新的风景，总也比像井底之蛙那般将小小的一片天当作整个世界好。

天早已换成了另外的天，你又何必固执地守候着原来那朵云。

如今齐秦一脸幸福地向众人说着，他的妻子是如何温婉懂事，他的儿子是如何可爱顽皮。每当此时，爱挖独家新闻以增加收视率的记者，总不忘提及与他恋爱数十年的女神王祖贤。

女神王祖贤，每次出镜总是一副不食人间烟火的样子。白衣蓝裙，姿态优雅，那不经意间的一笑，更是瞬时就夺了众人心。与这样美的女子恋爱，自是备受大家瞩目。更何况齐秦虽有一副触动人们心灵的歌喉，到底算不上可让人一见倾心的美男子。两人因拍摄一部电影而初次相见时，王祖贤竟还曾因对方的相貌，而显得极为不满。

齐秦能俘获女神心，且与对方缠绵数十年，终究是因了那细腻到一丝一毫的温暖与体贴。纵然十年之中，两人难免磕磕绊绊，但世间哪一件事不曾有过瑕疵呢？

本以为爱情长跑之后，他们会牵着彼此的手，走进爱情新的阶段。说到底，这终究是人们的一厢情愿。最终，他们止步于此，挥手说再见。

在那段时间里，齐秦仍旧站在聚光灯下闭着眼睛唱着情歌，王祖贤依然是一脸迷人的淡淡笑容。一切仿佛都与往日无异，但他们在人们看到的镜头之外，定然有过挣扎、悲伤、思念，甚至是想要再次牵手的冲动。

　　你所乘坐的列车，已经开走。
　　你时常怨恨自己的迟到，或是列车的不守时，而并非离开原地，去寻找另一辆能载你抵达目的地的列车。
　　因而，当旁人都在惊叹终点的美丽景致时，你却一脸落寞地守着原地的落叶，想念枝叶繁茂的春日。

殊不知，春日仍会到来，如若你愿意从往事中抽出身来，重新起程。

在许久的挣扎过后，齐秦与王祖贤终踏上了新的人生轨道。

每当记者提及对方的名字，他们都是笑着给予祝福。

无须花费额外的时间与精力去忘记对方，而是即便不舍也要往前走，在感念对方给予自己那么多美好记忆的同时，主动去迎接与建立更多新的记忆。

每当在街上看到两位白发苍苍的老人相携着走过马路时，我总会想起独自在世间行走了这么多年的奶奶。

爷爷去世时，父亲才十二岁。本来稍稍富裕的家庭，一下就冷清与贫困起来。除却要承担失去伴侣的疼痛，奶奶更要凭着一副柔弱的肩膀，担起三个孩子的成长。

那时，对于奶奶而言，生活是苦的。至于爱情，更是无从谈起。

梅雨总有停的时候，奶奶也总不能那样阴郁下去。等到三个孩子都成了家，她终于决定过真正属于自己的生活。

在院中的大树下拿着收音机听戏，到村中桥边和老人谈天，在庙会上买回自己喜爱的围巾，到邻村看望上学时交的朋友。虽然她的步子越来越迟缓，身体总归是硬朗的，心情也是明丽的。

每当我回到家，看到奶奶自顾自地哼着她那个时代的曲子时，觉得那样的她，总是美的。这美与容貌无关，而只关乎对待生活的姿态。

我想，她也会时常想起祖父，但她更懂得享受当下的欢愉。唯有此，想起祖父时，她才觉得安心。

生活远不是我们想象中的样子，它更残酷，更无常。而我们能做的，只能是在这变幻莫测中，开辟出一条新的路，像以前那样将新的风景摄入眼中。

记忆再美，终究不能取暖。我们都应当是为未来而生活的人。

认真说再见，是对过去最好的成全

"那时候的天空蓝多了，蓝得让人老念着那大海就在不远处，好想去……那时候的体液和泪水清新如花露，人们比较随意随它要落就落……那时候的人们非常单纯天真，不分党派的往往为了单一的信念或爱人，肯于舍身或赴死。"

朱天心的《古都》，说的都是已成云烟，却念念不忘的往事。

那时，我们都还懵懂，说不清爱情是什么，但一看见某人就会脸红，仅仅牵着手就默认要天荒地老一辈子。以为不过是天蓝水清地相互喜欢着，却爱得最热烈最隆重。

所以，那时我们宁愿承受死别，也不愿面对生离。可无论以哪种方式分开，我们都将以最盛大的方式纪念这些不染杂质的记忆。如若是生离，我定会再次找到你。如若是死别，我则会带着你的骨灰，在惦念中独自漫游。

孤独无所谓，疼痛无所谓，执拗无所谓。只要，能留住当初的爱。

"人一死一切就应该结束了。"罗生对着天花板喃喃自语。

"人死之后爱情是不是也会一起死去？"罗生无法解开困扰多年的疑问。

夜已经太深，他已经习惯长时间地回想很久之前的场景，然后服一粒安眠药轻微睡三四个小时。

不消说，他和薇从孩童时起就开始做小情侣之间无聊的傻气事。干净婉曲的青石巷弄，临水而居的小房子，互相交换的日记本，午夜广播的情歌，船桨里的斜晖，还有老照相馆里羞涩的笑靥。可以无缘无故地登上层楼，高歌或忧伤。热气腾腾的日子，理所当然就是这样用来荒废用来挥霍的。

仿佛，一个不小心就可地久天长。

可是，命运就要讨人嫌地拉下脸来，给这段不知天高地厚的青春一记响亮的耳光。

当初的口哨有多响，耳光扇得就有多疼。一夜之间的成长，最奏效的莫过于猝不及防的死亡。

电影与小说中有太多这样的画面，因离自己太远，哭一哭也就过去了，看到大结局唏嘘一阵，还是能感到阳光的温暖。可是，现实人生往往比虚构的情节更有戏剧性，当类似事件降临到自己身上，才感叹原来一切剧本不过是在抄袭生活。

是的，薇在一个初春死了，她以这种残忍的方式，博得了他永恒的追忆。

在找不到更好的治愈秘药之前，他决定不放过自己——带着她的一小瓶骨灰生活。

耶胡达·阿米亥说："世界充满了记忆和遗忘，犹如海洋和陆地。有时记忆是我们站着的坚实土地，有时记忆是覆盖一切的海洋，好比洪水。而遗忘是救命的陆地，好比亚拉腊山。"

不要忘记。不要忘记。罗生一遍遍提醒自己。所以，他心甘情愿像困兽那样困在明亮的往事中，习惯思念的鞭打，不想走出去。

其实，他的生活看起来与旁人无异。上大学，毕业，工作。只是，他从不与周围人交流，不参加任何聚会，独来独往，离群索居。所以，没有人知道他为何总是穿带兜的上衣，为何左边的兜总是微微鼓起来。

并不是没有人主动追求他。冷峻的外表，为他塑造了一种迷人的气质，不同于张口即是股票的流俗男人。况且他又是一名小有名气的律师，更被人们划入了理想伴侣的行列。

而他每次收到邀约，总是下意识地捏捏左口袋中的玻璃瓶，干脆利落地拒绝。

　　夜晚越来越长，交换的日记本越翻越烂，回想的次数与日俱增，他觉得薇没有死去，她始终在身旁陪着自己。

　　遗忘是种耻辱，更是种背叛。这是他给自己下的命令。

　　追求他的女子渐渐地被他的冷漠驱走，他并不觉得这是一种损失，反而乐得轻松自在，将所有的时间都用来疼痛，以增强对她的记忆。

　　只有一个女孩儿，在一次次邀请他喝咖啡被拒后，仍每天在清晨给他发短信说早安。他从不给对方留有幻想的空间，看过之后就删掉。

　　对他来说，每一天都是想念的重复。晴天和阴天，安与不安，都不妨碍他沉浸在早已死去的世界中。

　　由于他从不给她开口的机会，所以她给他写了一封信。也许，在这个时代，写信比说话来得更动人。

　　信很长，他只记住了其中一小段。

　　我不知道你的左口袋里装着什么，但那一定是对你非常重要的东西。有一段时间，我在包里放过一盒磁带，里面是曾经说永远爱我的人录下的誓言。但他最后娶了比我漂亮，比我背景好的女人。我甚至在半夜里敲开他们的门，大哭大闹，抓破他的脸，结果仍是于事无补。

有人告诉我说可以不忘记，不可以不放下。我觉得是对的。

既然忘记是一种耻辱与背叛，那么永远记得但懂得放下，应该算一种原谅与美德。

从那以后，人们惊奇地发现，罗生身旁多了一个并不美丽却足够温柔的女子。

他并没有急着将自己的一切都告诉她，她也并不介意他的左口袋里仍稍稍鼓着。有些事急不得，它需要一个恰当的时机。已经痛了这么久，又何必急于一时，他们两个人都有足够的耐心。

在一家烤鱼店吃饭时，新来的侍者不小心将她的包扯到地上，里面的东西全部倒出来，撒了一地。

侍者一边赔礼，一边蹲下帮着捡起。纸巾，钱包，化妆镜，口红，护手霜。没有旧磁带。

罗生了然于心，又一次下意识地捏捏左口袋。

那一顿饭吃得安然无恙。各自回家后，她收到他的短信，明天要带她去一个地方。

在浅水滩搁浅了太久的船，早该走出守望的视线，重新起航。

第二日，他换了一身黑色西装，带着她坐火车回了老家。

五个小时的车程，他们很少说话。他把手按在左口袋上，她戴着耳机看着窗外。

下火车后，来不及回到家，他就领着她来到一片坟场。

他蹲下，不声不响地将荒芜的杂草拔净，就像在清除内心的执念。

拿出那一小瓶装了二十年的骨灰，向空中扬开。顿时，风起，一切消失得无影无踪。

他久久地站在原地，仿佛听到薇在说："很高兴见到你，再见。"

村上春树说："有时失去不是忧伤，而是一种美丽。"爱过的人，适合埋葬在心里。

回去的路上，他第一次握住了她的手。

194

这一场辜负，只愿你早已痊愈

I love you.Dexter.So much.I just don't like you anymore.

我爱你。德克斯特。我只是不喜欢你了。

第一次看《One Day》这部电影，看到这句台词时，心中百般疑惑。电影讲述的故事，不难理解，甚为明了，但艾玛对德克斯特说出的饱含深情的话，却始终让我觉得诧异。爱本是喜欢升级之后的喜欢，而艾玛怎会只爱他，而不再喜欢他？

直到前些时日，在离家不远的日本料理店偶遇大学同学盈，听到她的近况，才忽然明白其中的婉转情意。

大学时，在所有的同学中，盈的生活是最规律的，这规律中又带着不容忽视的精致与阔气。穿的衣服，都说得出品牌；吃的零食，包装上全是英文；旅行的地方，最近的要数中国台湾。

难得的是，生活在这般富足的环境中，她没有一点架子，几袋零食送出去，便交到许多朋友。我们的宿舍隔得很远，关系却最好。

稍有姿色的人都不乏追求者，而前来向她示爱的人却少之又少。现如今的人们都太有自知之明，明白她犹如苍穹上那枚月亮，即便倒映在湖心，也打捞不起，倒不如站在湖边，静静地观赏。

即便有几个不怕落水的人，在宿舍楼下没日没夜地等，也被她一口回绝。

在天气格外晴朗的周末，朋友们都和恋人逛街看电影时，她却独自一人窝在宿舍里，翻看一本与学业无关的小说。

美而富足的人，多寂寞。这是至理。

我以为整个大学，她会始终这样美丽寂寞着。可深冬之后，总会有春风过境。

让她动心的男子，在学校中并没有响亮的名号，但穿在身上的那件白衬衫，却让人觉得他们如此相配。

谁都看得出，她一颗心早已沦陷，但她拼命咬着牙，拉上宿舍的窗帘，自欺欺人般假装看不见楼下等在烈日里的他。

几周下来，她消瘦得厉害。柜子里的零食全都分给了同学，自己一点食欲也没有。只要没课，我就跑去她的宿舍，等她愿意向我倾诉其中缘由。

已经记不清那一天是哪一天，只记得她红肿着眼睛，告诉我在她未出生时，她的父母便与另一户人家定了亲。

两家都是买卖高尔夫器材的生意人，都有自己的产业链，父辈竞争极为激烈，时常弄得两败俱伤。为了避免旁人坐享其利，两家决定联手，由竞争之家转为合作之家。而让双方将要出生的孩子定亲，便是最好的保证。

在这份交易之中，只有她明白，她自始至终都是一个木偶，受尽摆布。

在我的陪伴下，她走出宿舍，走到他面前。

"你一共有几件白衬衫？"她的声音里有一丝颤抖，压抑着心底涌上来的兴奋与紧张。

她也喜欢上了穿白衬衫，将其束在卡其色的长裙里，高高挽起袖子，另有一种韵味与风情。

刚刚走进爱情入口中的人，最易迷失，况且这是她第一次走进这个奇妙的世界。所以，她用尽全身力气，淋漓尽致地爱着。为了让这段极为短暂的日子足够丰盈，她开始逃课，并搬出宿舍，在离学校不远的地方租了一间屋子。

像是布置新房那样，她买成对的牙刷、杯子、拖鞋；鲜红的床单、棉被、枕头。

只是，幸福总是经不起咀嚼，还未尽情享受，家长已经敲门而来，震碎一帘美梦。

一切都来得太过迅猛，她手无缚鸡之力，如若不愿看到父亲再为了生意争得头破血流，她除却服从，别无他法。

为了以防万一，只能尽快与对方完婚，她在父亲的威严之下，只得退学。

临走时，她只带走了那件最近常穿的白衬衫。

那天在日本料理店中见到她时，她穿着棉质的白衬衫，前面两个纽扣未扣上，袖口处钉着一颗贝壳材质的纽扣。头发一半松松垮垮地挽着，一半垂到肩上。

我们相对而坐，说起大学时的事情。提起他时，她只是希望他过得好。

相恋一场，伤心一场。原来辜负的人，总是当初爱得最深的人。

邵洵美在《季候》中写道："初见你时你给我你的心，里面是一个春天的早晨。再见你时你给我你的话，说不出的是炽烈的火夏。三次见你你给我你的手，里面藏着个叶落的深秋。最后见你是我做的短梦，梦里有你还有一群冬风。"

有些爱情是窗子，透过这扇窗可领略不一样的风景。而有些爱情则是一堵墙，永远没有出口。盈与他从相见到陌路，留下的只是呼啸而过的风，以及已经破碎的梦。爱情对她来说，尝过就足够。就像那座美到令人窒息的富士山，绝无可能占为私有，欣赏欣赏就好。

当初跟着父亲离开，所有看在眼中的人，都觉得她是错的。可是，只有她明知是错，也一遍遍地告诉自己，这样做是对的。既然无法改变，已经辜负了最爱的人，对错又有什么关系。

走出料理店，已是傍晚。

她开车送我到家，而后独自回到郊外的独栋别墅中。

几乎所有人都羡慕她这种生活，可鲜有人了解这背后的不得已。

在提到他时，她的神情泄露了她仍爱着他。那件雪白的衬衣，更是一处毋庸置疑的佐证。

又看了一遍《One Day》，艾玛对德克斯特说：

I love you.Dexter.So much.I just don't like you anymore.

是的，我们已无交集，纵然日后我仍深爱你，把你放在心中最重要的位置，珍藏每一处与你有关的记忆，却再也不能像从前那样肆无忌惮地说出喜欢你。

抱歉，爱人。这一场辜负，只愿你早已痊愈。

另一扇窗外，是阳光满满

《花样年华》中，梁朝伟来到吴哥窟，在那些宛如从天而降的古树中，选了一个树洞，双手扣着脸颊两侧，将那些不知诉说给谁的秘密，永久地埋葬其中。

从那时起，我便生出要去柬埔寨看吴哥窟的心愿。

说来也好笑，年少轻狂，一身坦荡荡，每天都是艳阳天，时常羡慕那些心中藏着秘密的人，觉得只有有心事的人才具有去吴哥窟的资格。

一拖再拖，等到心愿得以实现时，已隔经年。心中的秘密堆积成山，都不知该说哪一个。

临走时，在旅行包中放了一本蒋勋的《吴哥之美》。尽管已经翻看过不止一次，我对吴哥的印象仍是模糊的，唯有那个似乎永远侧着耳朵倾听人们秘密的树洞，清晰明了。

背着便捷的双肩包，拎着一个单反，顶着四十二摄氏度的高温，坐着遍布满城的TUTU从酒店抵达吴哥王城南门时，才觉出一丝真实感。

是的，我来了，独自一人。

这里确实如朋友所说，破旧不堪，穷困窘促，走在暹粒城中时时有衣衫褴褛的孩子伸出手向我索要糖果。而这丝毫没有影响我的兴致，说得更为确切一点，是没有影响我悲伤的情绪。

巴戎寺中岩石散乱，在多雨天气的侵蚀下，这些岩石多半呈现墨绿色。穿过一道道颓残的石门时，犹如瞬间误入时光隧道，分不清今夕何夕。

这样的地方，或许最适合忘却。

在柬埔寨的那几日，似乎始终游走于神的世界。吴哥寺极为华丽，巴戎寺很是阴郁，尽管岩石上的佛像微微笑着，也感觉离自己很遥远。

直至任由 TUTU 车主拉到塔普伦寺后，才感觉到一丝人间烟火。这座庙宇像是神灵与自然界搏斗过的现场，丛林遍布，藤蔓缠绕，古树从天而降，绑住门扉，压着屋檐。

没错，这里正是《古墓丽影》与《花样年华》拍摄的地方。来到这里的人，或是惊叹着，或是举起相机拍摄着。而我有着一瞬间的恍惚，始终未曾在最心仪的地方，拍下一张照片，而是走到人迹罕至的地方，准备寻找一个小一些的树洞，埋葬自己的秘密。

穿过繁盛的热带花草与有些诡异的乱石残岩，我渐渐地远离人

群，往树林深处走去。

鸟鸣衬得林子更静，脚步声也格外响亮。

转弯时，我与迎面走来的人撞在一起，不由得齐声叫起来。

回过神来，才看清眼前站着一个有着深深眼窝的外国男子，与我一样惊魂甫定。我们几乎是不约而同地说出："你怎么一人来这里？"只不过，我说出的是带着口音的英语，而他说出的是略显蹩脚的中文。

耳机里一遍遍传来孙燕姿干净的嗓音："遇见你，是最美丽的意外。"

其实，我们在人生之途中颠簸沉浮，遇见谁都是美丽的意外。就像我永远不会预料到，我会在吴哥的森林里，遇见一个与我一样想把秘密说给树洞听的德国男孩儿。

由于我英文不是太好，而他在中国留过两年学，所以我们一直用中文交流。

在我的印象中，德国男孩儿多半该是喜欢去海岛游玩的，巴厘岛、塞班、毛里求斯、马尔代夫常见他们的身影。听完我的话，他哭笑不得，坦言那都是情侣们的度假选择地，而他如今独自一人，只能来吴哥这座荒凉的城市漂洗记忆。

那个下午，我们背靠着枯树，絮絮叨叨说了很多，中文夹杂着英文。

他告诉我，在留学期间，他与一位校友相恋。虽国籍不同，生活习俗殊异，两个人仍凭着浓厚爱意，希望将对方永远占有。

萌生的爱情，在那个夏天就好似园丁未剪下的枝叶，疯长疯长的。甚至女孩专程从北京回到哈尔滨老家偷出户口本，办了护照，准备毕业后与他一起去德国。

她的父母知道后，不由分说地责令她退学，将她锁进屋中，并切断他们的一切联系。

罗丹曾给卡蜜尔写过这样的情书："我的灵魂存在于爱的风暴里，如此强大。"越是无法顺利遂愿，这爱的风暴便会越强烈。所以，这个德国男孩儿从教务处的档案室中求得她的家庭住址，买了一张机票，来到她家中。

在去的路上，他已经无数次想到迎接他的将是一场胜算并不大的战争，但为了那仅有的一丝胜利的希望，他必须全力以赴。这都是以爱为名的行动，有一瞬间，他似乎为这样慷慨的自己而感到无限快慰。

然而，当他走进村镇，来到女孩儿家门前时，震惊地发现，她的父亲拿着一把老式的猎枪瞄准了他。

他是知道的，中国不允许私自藏有枪支，而她父亲的这一举动，无疑是要与他决一死战。两个男人之间的争夺，从来无须多说一句。在他低下头的那一刻，胜负已定。

他没有见她最后一面，颓然地走出村镇时，看到几辆警车呼啸而来。

他与她的父亲，都付出了代价。

艾米丽·狄金森说道："如果我不曾见过太阳，我本可以忍受黑暗，然而阳光已使我的荒凉，成为新的荒凉。"正因为见过明媚阳光，感受过爱情的温暖，猝然失去时，才这般心如死灰。

从那以后，他以最短的时间写完硕士论文，提前拿到了毕业证。

在回国之前，他来到了吴哥窟，只因他曾与她一起看《花样年华》，记住了梁朝伟在树洞中埋一个秘密的场景。

夕阳稀稀疏疏地透进来，在暮光中，我们各自选了一个树洞，咕噜咕噜说出了深埋于心的秘密。

在结伴走出深林的路上，我们都没问起对方向树洞说了什么。

渐渐起风，仿佛要把心底的犹疑与执念通通吹走。我想，那一刻，我们都已把过去埋葬。

第二天，我收拾行李，飞回了北京，而他飞往遥远的柏林。

两个月之后，我收到了他寄来的明信片。正面是他趁我不注意时，拍摄的我的背影。

忽然觉得，这真是好久远的事情了。

谢谢你路过我的生命

在一个地方住得久了，周围的一切都太熟悉，像是自己的一切都已被看穿，会感到莫名恐惧。因而，工作的这几年，不停地搬家。身边的东西越来越少，只留下一摞必看的书，一些必备的衣服。

去年的这个时候，决定搬到郊区。恰巧一个老教授准备去意大利两年，房子便空出来。老式的房子，很旧，白色的墙壁在岁月的腐蚀下逐渐泛黄。我还是决定租下来，并在网上发布合租广告，卧室一人一间，厨房、客厅、卫生间共用。

一天之后，收到七八条回复。全凭感觉，给其中一个叫雯的人打去电话。

对方很干脆，毫无拖泥带水之感。说清各自分摊的费用后，我半开玩笑地说道："不限自由，可带男人回家。"她笑声爽朗，最近只爱宠物。

通话不过十分钟，放下电话后开始收拾自己的房间。傍晚时分，听到有人敲门。

雯站在门外，很深的瞳孔，罩着一件比她身形宽几倍的白色棉麻衬衫，袖子一高一低地挽起，抱着一盆绿植和一只白色的猫。一只方形的有些破损的行李包，安静地放在她身后。

接下来一段时间，我们将共度，虽然我们都可能随时离开。

收拾到深夜，肚子猖狂地叫起来，才想起还没有吃晚饭。

坐在附近的一家餐厅里，靠窗的位置，能看到深远的夜空。我只要了一份热腾腾的面，雯则点了很多生鱼片，蘸着很浓的芥末。辛辣的呛味，将她的眼泪逼出来，可她仍是一边流着泪一边津津有味地吃着，像是在跟自己较劲。

我放下自己的面，忍不住伸手夹起一块生鱼片，蘸上芥末后，放进嘴里。那一刻，像是喝过烈酒一样，脸颊迅速地燃烧起来，烤得通红。

那是一种窒息的快感，淋漓尽致，戒掉太难。

后来，我知道了雯无论吃什么都要蘸着芥末的原因。

爱情不就是这样吗？爱得太深，疼得流泪，情愿沉沦。

她在一家服装设计公司做销售，业绩突出，将大量奖金用来买衣服。丝缎、纯棉、细麻，整齐地排列在衣橱里，但她只是买到手，囤积起来，用来观看，极少穿。在工作日，她穿工作套装，化精致的淡妆。周末时，她便穿着那件宽大的衬衣，抱着猫坐在地板上看香港黑白老片。

她似乎什么都不缺，但这就是最致命的缺陷。她似乎不需要任何人，只有自己和一只猫相依为命。

我们很少坐在一起交谈，每天下班之后转三趟地铁，回到家后已近九点。在公司中已把话说尽，身体疲乏至极，懒得再开口。更多的时候，是我们坐在客厅里，看同一部老片子。看完之后，各自回到房间去睡。

　　日子就这样毫无新意地重复着，周围又渐渐熟悉起来，很意外的，我竟没有生出搬家的念头。郊区很安静，或许正是这一点吸引着我。

　　想要的，尚未得到；该失去的，早已不见踪影。雯散漫的样子，告诉别人，她已经放弃挣扎。

　　直到有一个周末，我逛街回来，碰巧看到雯正将一个女孩儿送出来。那个女孩儿，和雯有三分相像，巴掌大的瓜子脸，鼻端左侧有一颗灰色小痣。她们在道别时，很是客气，有种寒暄过头的感觉。可以想到，她们应该并不相熟。

　　我走进屋中，看到红木雕花书桌上放着一张照片。照片上的人，十五六的年纪，穿着裙装的校服，背着书包骑着自行车，正回头看，风将她的马尾吹散，背景有些模糊。看得出，这张照片是雯在放学路上被人抓拍的。

　　雯走进来，并不说什么，颓然坐到沙发里，开始吃芥末味的薯片。脸色辣得通红，眼泪一滴滴逼出来。

　　爱情是一种感受，但需要表达。你缄口不提，我也只能假装不知。因而，即便两个人在同一时区，这份爱也有着巨大的时差。

　　高一时，雯和坐在她前面的男生时常交流习题，便被同学们在黑板上写上，某某喜欢某某。处于青春期的人们，敏感，爱起哄，乐得将周围一切与性别有关的事情变得微妙。

被同学们说得多了，他们的相处便开始夹杂着尴尬与不知所措。放学后，两个人骑着自行车越靠越近，但是谁也不愿先开口向对方说话。

一个多月的寒假，终让雯确认心中那份不知不觉野蛮生长的爱情。她开始制造与他偶遇的机会。放学后慢慢地收拾书包，等着他走出教室，再迅速地跟随。在回家的路上，期待交通信号灯永远亮着红灯。当同学们再起哄时，她表面愠怒着，内心却真切地感受到幸福。

马尾、裙摆，以及那颗雀跃的心，就这样在风中飞扬起来。

只是，他们都没有将那份呼之欲出的爱恋道破，以为时间很多，来日方长。前后桌的距离，离得实在不远，他们都很满足。以同学的身份相守三年，再考同一所大学，这是再美不过的愿望。

然而，自高二开学那天起，雯便再也没有见到过他。同学们都说他已转学了，而她听不见任何理由，只知自己心里寒风呼啸，空空荡荡的。

高中毕业，大学毕业，开始工作。

爱过很多人，流浪歌手、餐饮店的服务员、德国留学生、火车列车员、有家室的中年男子。总是倾情投入，爱得专心致志，最后都是无疾而终。

害怕孤寂，急需填满内心的空洞，往往适得其反。受伤之后，便离开原来的地方，提着轻薄的行李换到另一个居所。开始不相信任何诺言，任何一个男人，甚至不相信这个世界。没有人陪她颠沛流离，唯有高一那段温暖的暧昧记忆，以及后来收养的这只流浪猫。哦对，还有搬来和我一起合租的路上，买的那一小盆绿植。

和雯相像的那个女孩儿来的那天，雯吃了很多芥末薯片，流下很多眼泪。

那个女孩儿已经找雯找了许久，在打算放弃时，忽然在地铁上遇见雯戴着耳机听音乐。女孩儿从背包中拿出那张照片，走到雯面前，问照片上的人是不是她。

耳机里传来莫文蔚的歌声："你还记得吗，记忆的炎夏。散落在风中的已蒸发，喧哗的都已沙哑。"

雯摘掉耳机，将照片拿在手中，像是捧起了整个高一。地铁在地下隧道中穿梭，有奇异的亮光闪过。

她们并排站在地铁车厢的角落里，女孩儿说，雯听。

她说，她和男友一见钟情，很快确立恋人关系。两个人都很默契地不提过去，只脚踏实地地享受当下，时而也憧憬未来。相恋一年后，很自然地见双方父母，谈及婚姻。

然而，男友在和朋友一起海岛潜水时，出了事故。

朋友收拾他的东西时，在行李箱的夹层中，发现了这张照片。他们都以为，照片中的人是他的女友，便将其交给了她。

她细细端详着照片中的人，确实跟自己有几分相似，但她明白照片的主人，是另外一个和自己很像的女孩儿。

我和雯一起靠着沙发，坐在地板上。

"你是幸福的，他爱的人始终是你。"

雯拿起一片薯片放进口中，流出一串眼泪。

"那个女孩儿也很幸福，她真正拥有过他。"

住了大概半年的时间，雯又收拾行李搬到了别处。不是因为又一次受到伤害，而是决定重新相信这个世界，去寻找一份没有时差的爱情。

在节假日里，她时常给我发来祝福短信，顺便告诉我她很好。

相忘于江湖，有时是一种慈悲

程蝶衣是个演员，在台上演着经典的戏码，眼角眉梢堆着柔情蜜意，风光无限。

戏演得多了，他就把自己当作了虞姬，仿佛真正活在了戏里。

他最大的愿望是和小楼演一辈子的戏，可小楼并不疯魔，最终娶了别人做妻子。岁月兜兜转转，他们几度离合，不知差了多少年，多少月，多少天，多少时辰没在一起唱戏。

一辈子，有的人豁出一切去成全，有的人拼了命地要逃离。

在李碧华写的那一出《霸王别姬》中，程蝶衣并没有死去，而是孤独地活到垂暮之年。

陈凯歌则让他在舞台上，在小楼的身边，拔剑出鞘，华丽自刎。而后，银屏黑，字幕出。对于这样的改编，陈凯歌自有他的道理："程蝶衣必须死，因为唯有死，才能让爱变得更有力度。"

在不完美的世界中，程蝶衣偏要追求完美的爱，就像古希腊悲剧英雄，注定要在苦痛中辗转漂泊，奋力反抗，却依旧走不出宿命的大地。

他的爱太过深沉，又带着浓得避不开的热烈，在辽阔的心海中，只为一个人留着位置。尽管这个人回报他的是一次次的伤害与背叛，他也只能一次次原谅。

既然我对你仍有爱意，那就让我以你所爱的人的身份死去。

有时候会分不清谁是程蝶衣，谁是张国荣，只觉得戏里戏外，他们干净的眼神中带着对爱情的无望。

多年以后，张国荣站在聚光灯下唱："爱情它是个难题，让人目眩神迷，忘了痛或许可以，忘了你却太不容易。你不曾真的离去，你始终在我心里。我对你仍有爱意，我对自己无能为力。"

然后呢？然后，苦痛在他心中生根驻扎，除不掉，割不断，而他还要朝着深渊坚定不移地迈去，从一而终，如一而往。

电影上映十年之后，张国荣以飞翔的姿势结束了自己的生命，就像影片中的程蝶衣一样，将演绎了一生的戏码以最震撼的方式落下帷幕。

戏如人生，人生如戏。一语成谶。

爱情，从来都具有致命的杀伤力。

在南方出差，熬了几个通宵忙完所有的事情后，终于有时间走出酒店透透气。

街角处一家很旧的店里，忽然传出八十年代的经典老歌，我只觉得熟悉，却叫不出名字，反正不急着回去，就走进店中。

里面半边放着旧唱片，半边放着旧书籍。有些杂乱，阳光照射的地方，灰尘飘浮。似乎这里已经很久没有人来，店主懒懒地半躺在藤椅上。我随意看着，竟然找到一张张国荣的唱片，虽不知音质如何，家中也早已没有唱片机，还是决定买下。

结账时店主送给我一本薄薄的小说，书页已经泛黄。我谢过之后，便走到带着些荒凉意味的街道上。

在浴池中放满水，我把头发高高扎起，一边泡着一边读那本小说。

水温缓慢地凉下来，泡沫堆积如山，小说渐至尾声。

并不是什么耐读的小说，甚至有一点闷，至今连名字叫什么都想不起来。但我仿佛记得，读完之后我是流过泪的。

苏爱着一个男人，他们隔得很远。一段时间之后，她买了张机票到他所在的城市。只相处一天，便原路返回。

在自己狭窄的房间里，她失眠、做梦、臆想，偶尔会喝一点酒。然后，在厚厚的稿纸上给他写信，无关乎想念与爱情，只是用大篇幅文字描述片段式的梦境。这些信，她从不寄给他，而是寄到出版社。

她的信箱里，每天都塞满读者寄来的信，向她倾诉自己感情的困惑与烦恼，希冀她给予回复。她读后就扔在纸篓中，猛喝着咖啡凄凉地笑。

爱情，哪里是能解决的呢？只有张开每一个毛孔，充分体会它的冷暖，它的无常就好。

苏白天与黑夜颠倒着过，整夜用来写信，喝咖啡。白天拉着窗帘，无声地睡到下午。收到的信笺一日比一日多，她每一封都拆开来看，却从未收到他寄来的信。或许，他从来没有看到过她写的字。

她知道，他是个太过自私的人，不拒绝被爱，却从不付出爱。严歌苓说得对："爱的那个永远这样忍气吞声，被爱的那个永远可以不负责任，坐享情意。爱和被爱就这样遥远，沉默地存在，都很无奈。"

她写的字越来越多，越来越荒凉。塞满信箱的信笺中，她认出了他的字迹。

苏（收）。

她忽然害怕起来，咖啡已经不能使她镇定。许久不喝酒的她，还是斟满了酒杯。微醺之际，胆子稍稍大了一点。总归要结束，迟早有什么关系。

在信中，他告诉她，妻子为他生下一个女孩儿，与她同一天生日，在微凉的九月。

是的，没有什么会永垂不朽，爱情尤其脆弱。

苏在午夜扔下笔，坐上午夜的航班漂流到他的城市。但她没有去找他，只是在人烟稀少的街上漫无目的地游荡。由于太耗费体力，她每一晚都睡得很熟，饭量有所增加。一周之后，她坐上飞机回到自己的小屋中。

几天后，房东发现她躺在浴缸中，围绕她的是鲜红的海洋，像是一朵朵开得正艳的玫瑰。

杂乱的桌子上，找不到任何遗言。从始至终，她没有写下过任何爱的文字。本想劝慰自己放弃，却无能为力，最终，她只能将爱的温暖与寒冷全部带走。

在回到北京之前，原本要再到那家卖旧唱片和旧书籍的店中淘几样东西，在街上转来转去，却发现自己迷了路。原地逛了好久，无论如何也找不到那家店。

不免觉得讶异，仿佛这一切都是自己臆想出来的梦境，可朦朦胧胧之间，觉得一切又都是真实的。就像乔治·马丁在《冰与火之歌》

中说的那样："也许这样最好，我现在什么都不再了解了，但我还模糊记得爱情是什么。"

梦里梦外，爱情都是存在的。不知这是幸运，还是不幸。

不念过去，不畏前行

晗躺在医院的床上，手下意识地抚摸肚子。

以前隆起的小腹，已经平坦。

黑暗中，她第一次肆无忌惮地哭泣起来。是因为身体感受到的疼痛，也是因为她终于愿意割舍掉生命中与不小心爱上的男人的一切联系。

最后一次见他，晗站在地铁车厢里面，他站在车厢外面。隔着一道玻璃门，她朝着他挥手时，看见他温暖的笑容。他以为新的生活就此开始，却不知道地铁就此呼啸着带她永远离开。

相遇没有任何预兆，分别也是一样。他们没有告别，却迎来永别。

微弱的阳光，透过玻璃窗户，投射在白色的床单和她苍白的脸上。和她住在同一个病房里的是一个中年妇女，丈夫时刻守在床边，两个孩子轮流前来探望。

而她独自一人。

闭上眼睛，她

会想起一些纷乱嘈

杂的场景。不过发生于三

个月前，而对她来说，仿佛已经

有一个世纪那样久。或者说，那些不可预料却真实发生的事

情，就像是失眠很久而后轻微入睡后的一场噩梦，虽然及时醒来，

但留下的心悸像后遗症一样，无论如何都医不好，时时困扰着她。

三个月前，她离开这座北方的小镇，只身一人来到上海，这

里有她仅靠电话联系的男朋友晓林。异地相恋三年，终于决定听

从他的建议，买了一张到上海的火车票，提着一个行李箱，前来

投奔他。

到车站来接她的并不是男友，而是与他合租同一套公寓的朋友

赵晨。他抱着一束带着水珠的花，很自然地走到晗的面前，告诉她

晓林在加班，说着便将手中的花递给晗。

她是知道的，最近一年来，晓林在公司加薪升职，做得很顺利，

越来越忙。他的手机时常处于占线状态，于是她便将电话打到他住

的公寓。来接电话的，往往不是晓林，而是赵晨。赵晨总是告诉她，

晓林又在公司加班，应该很晚才会回来。声音浑厚，温和，不急不

缓。他们之间并没有过多的寒暄，晗知道晓林不在后，便静默着挂

掉电话。

在这人声嘈杂的火车站，赵晨温暖的声音，以及递过来的那束花，让她吊着的一颗心安定下来。这座浮华的城市，并没有她想象中那样可怕。

回到公寓，晗用冰箱里仅有的菠菜干面，煮了两碗面条。她和赵晨面对面坐着，面条的热气腾在脸上，鼻尖与手心冒出细小的汗珠。

晓林回来时，接近十二点。晗坐了一天的火车，实在太累，早已枕着他的枕头睡着。他们的空间距离终于拉近，他看着这个睡熟的女孩儿，心中有说不出的安慰。

夜间两三点，她忽然醒来，觉得口干舌燥。猛地看见旁边躺着男友熟悉而陌生的脸，才想起自己已来到上海，来到他的身边。借着月亮的微光，她看见写字台上放着他们的合影，两人的头轻轻靠近彼此，脸上的笑容是刚刚恋爱时独有的羞涩。

他们爱着对方。纵然相爱的路程，比他们想象的还要艰辛。

晗穿着睡衣走到客厅中，打开冰箱喝冰镇的白水。液体流经身体，温度一度度降下来。寒冷总是让人异常清醒，瑟缩着走回房间时，忽然瞥到赵晨的房间里仍有灯光，从虚掩着的门缝里，她看到电脑屏幕仍然亮着。

在这一刻，有人同她一样清醒着。她并不觉得孤单。回到床上，听着男友轻微的打呼声，她又渐渐睡去。

一辈子就这样平凡地活着，未尝不是一件幸福的事。一辈子。

是的，晗很容易想到一辈子。守着一个稳重的人，过一成不变的日子，在光阴的重复循环中老去。

平凡的日子就这样日复一日地过着。

晗每天早起为男友做好早餐，看他狼吞虎咽地吃完，为他穿上西装，目送他匆匆离去。然后，她收拾碗筷，拖地，洗昨天换下来的衣服，看一些招聘广告。期间，停下来喝冰箱里的冰水。这些琐碎的事情，做起来没有任何成就感，但将这个租来的家一点点地收拾干净时，她心中是充盈的，是满足的。

赵晨没有固定的工作，总是接一些单子在家里做。他工作的时候，习惯将门开一个缝隙，隔一段时间便拿着杯子走出房间，到客厅里冲一杯浓郁的咖啡。有时和晗打个照面，他就随便说些什么，而后端着咖啡回到房间里。

敲击键盘的声音，混合着咖啡的浓香，让晗觉得男友不在身旁，这个家也并不死寂。男友加班次数越来越频繁，回来得越来越晚。即便到了周末，他也很少领着她出去逛逛，多半钻在房间里玩游戏。离得这么近，说的话却比以前相隔千里时还要少。

可日子还是要过下去。晗已经渐渐习惯他的早出晚归，努力安慰过于孤单的自己。

以前，每到中午，赵晨总是叫外卖。自从晗来后，他总会吃上一顿简单的家常饭。两个人一起吃饭，不至于太过冷清，美食也不至于被辜负。电视里的声音，具有消除两个人相对无言而尴尬的功效。

渐渐熟稔起来后，他给她讲千奇百怪的笑话，她笑得坐到地板上，眼泪流出一长串。他开始将笔记本电脑挪到客厅里，边写方案，边和擦地板的晗说话。更多的时候，电脑只是处于休息状态，聊天反倒成了常态化的事情。至于写方案的时间，赵晨没有多想便挪到了深夜。

说来也奇怪，晗本是来投奔男友，陪伴自己最多的反倒是这个并不相干的人。

她生日那一天，男友到北京出差。等了整整一天，她都没有收到他的任何祝福。

他忘了。他的生活中，除了工作，似乎已无暇顾及其他。悲伤与无奈一起袭来时，她忽然感到，她爱的是想象中的晓林，而不是那个晚上和她睡在一起的男人。

傍晚，她中断和赵晨的聊天，起身回房间换了一套衣服，黑色的连衣裙，裙摆搭在她裸露的小腿上。她问他，今天是她的生日，要不要一起出去吃饭。

赵晨关掉处于休眠状态的电脑，和她一起走出公寓。

走在街上，擦肩而过的人们应该会认为他们是一对情侣吧。

来上海这么久，第一次出来吃饭，而且和她一起吃饭的人，并不是自己曾经深爱的人。

在很多餐厅门口徘徊很久，都没有进去，却在一家路边摊坐下来。他们要了两碗热腾腾的面，两瓶啤酒，一些小吃。面的热气蒸腾在脸上，催出眼泪。

夜色浓重，隐藏着人们看不见的东西。晗吃完面后就着小吃喝了很多酒，坐在回去的出租车里，头不自觉地歪到赵晨的肩膀上。赵晨眼望着窗外，手却抚着她的脸。

他们都是黑夜中寂寞的灵魂，接近彼此相互取暖。

一个月后，晗发现自己有了身孕，但她决定不告诉任何人。

该发生的都发生了，她与赵晨都是不自由的，只有一方离开，心里的罪责才可得到宽恕。

赵晨在几天之前找到一份工作，搬到公司宿舍。他理智尚存，懂得克制和静默。而晗在空空荡荡的房间里独自待了很多天后，决定在肚子隆起前，回到北方的小镇。

在走之前，她打电话约赵晨出来。两个人仍在一个路边摊坐下，她心中已经作出决定，心中格外坦然，而他眼神里盛满闪躲。

在时间差不多时，她起身告别，他终于嗫嚅着告诉她，其实他有女朋友，在纽约留学。他已经办好护照和签证，一个月后将在那里定居。还能说些什么，她只能笑着给予祝福。

原来，多余的人只是她。

当初火车带她来到这里，如今又要带她离开这里。在来与去之间，隔着一段无论如何都跨不过去的，没有名分的爱情。

在医院躺了半月后，她办理了出院手续。

追寻过，爱过，被爱过，得到过温暖，感受过疼痛。过去的岁月，并不单调。

在时间的帮助下，忘记那个在出租车里抚摸她脸颊的男人，应该并不困难。接下来的生活，她决定为自己而过。

今夜，最后一次想你

假如，幸福是一条跑道。

如果你脚上穿的是一双舒适的鞋子，那么，即便走在密布荆棘的路上，你也不会慌乱。

如果你奔跑在一条"康庄大道"上，可鞋子里有一粒细小的沙子，你少不得受点罪。

沙子，有时是琐屑不堪的生活细节，有时是只手遮天的金钱，有时是横亘其间的第三者。

有时，你倒掉沙子可以继续上路；

有时，你不得不扔掉鞋子，赤脚走在时间的洪荒里，等待下一场相逢。

我回不到过去的老时光，就像撕不掉脸上令人厌憎的苍老，擦不掉心里的忧伤。

但是，如果让我看见青春时的见证人，比如，那些所谓早恋却修成正果，且一直在高调示爱的人，我就会觉得好过很多。

陈鸣湘和陆云翔曾经就是我过去美好时光的见证人。

但他俩不是早恋，且从不秀恩爱，以致有一天陈鸣湘冷不丁告诉我陆云翔结婚了，新娘不是她的时候，我的下巴半天没合上来。

陈鸣湘是我大学同宿舍的好友，湘妹子，只负责专情绝不多情。她高矮胖瘦全然适中，曹植《洛神赋》里有形容洛神美貌的文字，"秾纤得衷，修短合度"，第一眼看见陈鸣湘的时候，我就觉得找到了洛神。

宿舍里起初南北有别，拉帮结派，颇有政治团体自立山头占山为王的意思。

我跟陈鸣湘自然是南派的，她带着我吃遍各大食堂，用她买的老干妈跟饭拌在一起让我吃，我辣得直呼气，她笑得前仰后合。

我们俩有一阵颇有江湖儿女风范，形影不离惺惺相惜。

跟所有自吹自擂、自以为是的美女不同，陈鸣湘同学的美貌是经过实践检验的。

检验这个真理的是一群良莠不齐的男生。

陈鸣湘走在校园路上被人各种偶遇和巧合的事情多了以后，我们更加笃定这姑娘的美貌不容置疑。

在众多拦截陈鸣湘去路的人中，有一个颇有死缠烂打的恒心，这个人就是陆云翔。

他在教学楼跟她"偶遇"，在自习室跟她"撞见"，在开水房与她"相逢"，在图书馆和她"巧合"。如此这般之后，陈鸣湘身边的其他追求者渐次消失，最后只留陆云翔一人。

自从陈鸣湘谈了恋爱以后，她每晚的必做功课之一是守在电话机旁等待陆云翔的召唤。煲电话粥这种"人神共愤"的事情现在的学生们已经很难再体验了，然而，没有经历过一个宿舍一部电话机时代的同学，不足以语友情。

她恋爱之后，我明显成为一只孤雁，自此我滑向了北派同学温暖的怀抱，做了南派可耻的叛徒。

而导致我们南派分崩离析并最终促成南北交融局面的罪魁祸首，绝对不是别人，正是陆云翔。为此，我心里咒骂过他不下一百零八遍。

后来看在陈鸣湘的面子上，我停止了对他的腹诽。

他们的感情在外人看来固若金汤，三年下来，双方从未传过任何绯闻。我天天都在盘算何时才能吃到他们的喜糖。我甚至跟陈鸣湘约好当她的伴娘。

陆云翔比陈鸣湘高一级，算起来是我们师兄，但我们从未把他当过师兄。

陆云翔毕业的时候，他对着他们班同学高歌一曲吕方的《朋友别哭》，结果哭湿了一大片男男女女的衣服。

我说："陈鸣湘，你家那口子用心险恶呀。"

她嘿嘿一笑，然后眼里一丝忧伤飘过，一双俏丽的眼睛通红。

陆云翔回西安工作去了，他考入西安市政府某部门给领导当秘书，领导还有个跟陆云翔差不多大的女儿。我说，陈鸣湘你要小心呀，你们家老陆姿色还是可以的。

她压根不当一回事，她说就他那怂样也就只有她喜欢了。

陆云翔一走，过去那帮拦路虎又蠢蠢欲动了，开始电话寻找、校园偶遇、宿舍楼守望，但陈鸣湘我行我素，好似这些人不存在。

有人送过来漂亮的花束，她拿回来朝垃圾桶那儿一扔。我说，你这人怎能这样没有公德心呢？你一人吃撑了，也得照顾照顾我们这些没人光顾的人。

然后我把那束花捡起来，养在一个瓶子里，活了十来天。

毕业那年，我对陈鸣湘说，你傻呀，还不赶紧跑西安去？等别人把他撬走了，你就后悔了。

她不信。她一直觉得陆云翔是天底下最可靠的男人。

她被保研了，继续留在学校读了三年。

这三年，他们依然你侬我侬，眉来眼去，好得没话说。

很多人都以为他们终有一天会在一起，从此过上幸福的生活，像童话里的结局一样。

陈鸣湘读了硕士还不死心，继续读了博士。

我说真搞不明白，怎么会有你这样的人？家世好、样貌好，偏偏学习还那么好，这还不算，还有陆云翔那样的有为青年死心塌地地爱着，你这个人妖！

陈鸣湘博士毕业那年，陆云翔结婚了，对象是领导的女儿。

她抱着我哭了好久好久，哭着说："你说怎会有我这样的傻瓜？我居然那么信任他！其实他跟那女的谈了好几年了！他瞒了我好几年！他怎能这样呢？不喜欢我就说嘛，为什么要欺骗我呢？你知道我最讨厌人家欺骗我！我到西安好几次，竟然没发觉一点蛛丝马迹，你说我还是个心理学博士！多讽刺啊，我连自己爱了九年的男人心理都不懂！我就是个废物！读了那么多年的书，全是白费……"

我结婚的时候，陈鸣湘来参加婚礼。我故意把花束甩给她。

又过了两年，她来深圳看我，还是单身。

那么多年，她只谈过那一场旷日持久的恋爱。

我问她，你怎么不找个伴儿？

她说一个人也挺好的，已经习惯了，跟陆云翔那场恋爱把我的热情全耗光了，现在就剩下一团死灰了。

我说不就是个男人嘛？你就把他当作一双破鞋，扔了他，重新

挑一双舒服的。

　　陈鸣湘说我赤脚太久了，已经不习惯穿鞋子了。穿鞋子哪有赤脚自由舒服？如果幸福是一条人人争抢的跑道，那么我这辈子注定一个人走了。

图书在版编目（CIP）数据

别让生活耗尽你的美好 / 雨彤著 . — 北京 : 中国
华侨出版社 , 2019.9（2020.7 重印）

ISBN 978-7-5113-7897-2

Ⅰ . ①别… Ⅱ . ①雨… Ⅲ . ①人生哲学—通俗读物
Ⅳ . ① B821-49

中国版本图书馆 CIP 数据核字（2019）第 116509 号

别让生活耗尽你的美好

著　　者 /	雨　彤
责任编辑 /	邓小兰
封面设计 /	冬　凡
文字编辑 /	朱立春
美术编辑 /	潘　松
插图绘制 /	张晓君
经　　销 /	新华书店

开　　本 / 880mm×1230mm　1/32　印张：7.5　字数：205 千字

印　　刷 / 三河市恒升印装有限公司

版　　次 / 2019 年 9 月第 1 版　　2020 年 7 月第 2 次印刷

书　　号 / ISBN 978-7-5113-7897-2

定　　价 / 36.00 元

中国华侨出版社　北京市朝阳区西坝河东里 77 号楼底商 5 号　邮编：100028

法律顾问：陈鹰律师事务所

发 行 部：（010）88893001　　　传　真：（010）62707370

如果发现印装质量问题，影响阅读，请与印刷厂联系调换。